蒋建峰/主编

# 高级网络互联技术

GAOJI

WANGLUO

HULIAN

JISHU

苏州大学出版社
Soochow University Press

**图书在版编目(CIP)数据**

高级网络互联技术 / 蒋建峰主编. --苏州:苏州
大学出版社,2023.7
ISBN 978-7-5672-4445-0

Ⅰ.①高…  Ⅱ.①蒋…  Ⅲ.①互联网络  Ⅳ.
①TP393.4

中国国家版本馆 CIP 数据核字(2023)第 117545 号

高级网络互联技术

蒋建峰  主编

责任编辑  征  慧

苏 州 大 学 出 版 社 出 版 发 行
(地址:苏州市十梓街 1 号  邮编:215006)
广东虎彩云印刷有限公司印装
(地址:东莞市虎门镇黄村社区厚虎路 20 号 C 幢一楼  邮编:523898)

开本 787 mm×1 092 mm  1/16  印张 9.75  字数 214 千
2023 年 7 月第 1 版  2023 年 7 月第 1 次印刷
ISBN 978-7-5672-4445-0  定价:42.00 元

图书若有印装错误,本社负责调换
苏州大学出版社营销部  电话:0512-67481020
苏州大学出版社网址  http://www.sudapress.com
苏州大学出版社邮箱  sdcbs@suda.edu.cn

# 前　言

　　高级网络互联技术是当前企业网中设备互联互通和安全管理的主流技术,也是管理和维护网络出口设备的核心技术。本书主要讲述高级网络互联技术相关协议的原理与实践应用,同时引入工程案例并加以讲解,以便于更好地帮助读者理解和掌握相关知识与技能。本书是一本理实一体化的新型教材,将理论知识与技能训练融为一体,充分体现了技术技能人才的培养特征。

　　本书共分为8章,内容编排上基础性和实践性并重,力图在讲述网络互联技术相关协议工作原理的基础上,注重对学生实践技能的培养。主要内容包括网络互联技术HDLC和PPP的基本操作技能,虚拟路由器冗余协议VRRP的概念和基本配置,访问控制技术ACL的分类、工作原理和相关配置,动态主机配置协议DHCP的工作原理、安全措施和配置,网络地址转换协议NAT的特点、类型和配置,虚拟专用网络VPN的工作原理和配置,网络管理与监控的技术与配置,以及下一代网络技术IPv6的特点、过渡技术与配置。

　　本书具有如下特点:

　　(1) 注重实用

　　本书主要讲述企业网中设备互联互通和安全管理的主流技术,适用对象主要包括网络专业相关企业所涉及的网络管理员、网络工程师、网络规划师等网络技术应用型岗位,因此教材的编写以市场及就业需求为导向,强调应用性、针对性及专业性。

　　(2) 内容对接认证和竞赛

　　本书在思科网络技术CCNA等级证书标准全面更新的基础上,有针对性地设计最新的内容,同时融入技能竞赛相关案例,具有较强的实战性。本书与作者的上一部著作《路由交换技术项目化教程》(2022年出版)构成CCNA的完整教学内容。

（3）编写模式新颖

本书采用"理论＋实践"的编写模式,注重对学生实践技能的培养,体现以学生为中心的教学思想,每个知识点均有详细的实训环节,力求让学生做到理实结合。

本书主编思科全球金牌讲师蒋建峰教授长期从事网络技术专业的核心教学工作,在培养技能型人才方面具有独到的经验。本书作为苏州工业园区服务外包职业学院高水平专业群建设成果,由江苏省"青蓝工程"优秀教学团队项目资助。

本书配套的数字资源可登录苏大教育平台(http://www.sudajy.com)免费下载。

由于作者水平有限,书中难免存在错误和疏漏之处,敬请广大读者批评指正。

# 目　录

# 第**1**章

# 网络互联协议

网络互联是指将两个以上的局域网或者城域网通过网络协议和设备相互连接起来，构成一个更大的网络系统。网络互联协议工作在开放系统互联（Open System Interconnection，OSI）参考模型的下面三层（物理层、数据链路层和网络层）。

## 1.1 网络互联技术

各个企业一般分有总部、分部及远程办事处等。这些部门的网络只有通过网络互联技术连接到一起，才能互相通信、协调工作，企业则支付一定的费用来使用运营商提供的网络互联服务。如图 1-1 所示是一个企业的互联网络架构实例。

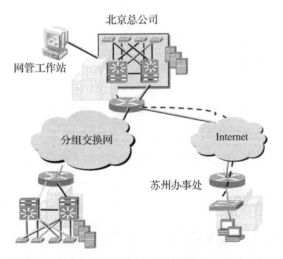

**图 1-1 互联网络架构实例**

网络互联技术中，最常见的两种数据交换技术是电路交换技术和分组交换技术。

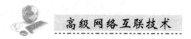

### 1. 电路交换(Circuit Switching)技术

电路交换技术是指在进行数据传输期间,源节点和目的节点之间有一条利用中间节点构成的专用物理连接线路。这条物理线路直到数据传输结束才被释放。当两个相邻节点之间的通信容量很大时,这两个节点之间可以复用多条线路。用电路交换技术完成数据传输,需要经历电路建立、数据传输、电路拆除三个过程。

### 2. 分组交换(Packet Switching)技术

分组交换技术是指将一个报文分成若干个组,以数据包的形式通过网络传输的技术。每个分组的长度有一个上限,典型长度是数千个比特位。有限长度的分组使每个节点所需要的存储能力降低,但提高了交换速度。分组交换技术适用于交互式通信。

网络互联使用的通信协议和网络类型较多,如高级数据链路控制协议、点对点协议、数字数据网、专线及 X.25 等。

## 1.2  HDLC 协议简介

### 1.2.1  HDLC 协议

高级数据链路控制(High-level Data Link Control,HDLC)协议是一种面向比特的链路层协议,其最大特点是对任何一种比特流,均可以实现透明的传输。HDLC 协议具有以下优点:

- 透明传输:不依赖于任何一种字符编码集,数据报文可以实现透明传输。
- 可靠性高:所有帧均采用循环冗余校验(CRC),对信息帧进行顺序编号,可防止漏收或重发。
- 传输效率高:额外的开销比特少,允许高效的差错控制和流量控制。
- 适应性强:规程能适应各种比特类型的工作站和链路。
- 结构灵活:传输控制功能和处理功能分离,层次清晰,应用灵活。

### 1.2.2  HDLC 帧格式

在 HDLC 中,数据和控制报文均以帧的标准格式传送,完整的 HDLC 的帧由标志字段(F)、地址字段(A)、控制字段(C)、信息字段(I)、帧校验序列字段(FCS)等组成,其格式如图 1-2 所示。

| 字段名称 | 标志 F | 地址 A | 控制 C | 信息 I | 帧校验序列 FCS | 标志 F |
|---|---|---|---|---|---|---|
| 大小 | 1 个字节 01111110 | 1 个字节 | 1 个字节 | N 个字节 | 2 个或 4 个字节 | 1 个字节 01111110 |

图 1-2　HDLC 帧格式

• 标志字段(F):标志字段为 01111110 的比特模式,用以标示帧的起始和前一帧的结束。

• 地址字段(A):地址字段表示链路上站的地址。在许多系统中规定,地址字段为 11111111 时,定义为全站地址,即通知所有的接收站接收有关的命令帧并按其动作;全 0 比特为无站地址,用于测试数据链路的状态。

• 控制字段(C):控制字段用来表示帧类型、帧编号、命令、响应等。HDLC 帧分为三种类型:信息帧、监控帧、无编号帧,分别简称 I(Information)帧、S(Supervisory)帧、U(Unnumbered)帧。

• 信息字段(I):信息字段内包含了用户的数据信息和来自上层的各种控制信息,其长度未做严格限制,目前用得比较多的是 1 000 ~ 2 000 bit。思科设备封装的 HDLC 帧中,此字段包含了一个用于识别封装网络协议的字段 Protocol,用于支持多协议的问题。

• 帧校验序列字段(FCS):帧校验序列用于对帧进行循环冗余校验。其校验范围为从地址字段的第一比特到信息字段的最后一比特的序列,并且规定为了透明传输而插入的"0"不在校验范围内。

# 1.3　PPP 简介

点对点协议(Point to Point Protocol,PPP)是用于在两个节点之间传送帧的协议。PPP 标准有 IETF 的 RFC 定义。PPP 是一种用于广域网的数据链路层协议,可在多种串行 WAN 中实施,可用于各种物理介质,包括双绞线、光缆、卫星传输及虚拟连接。PPP 可用于承载多种三层协议,如 IPv4、IPv6 和 IPX。

## 1.3.1　PPP

PPP 主要包括以下协议。

• 链路控制协议(Link Control Protocol,LCP):用来建立、拆除和监控数据链路。

• 网络控制协议(Network Control Protocol,NCP):用来协商在数据链路上所传输的网络层报文的一些属性和类型。

PPP 的分层体系架构如图 1-3 所示。

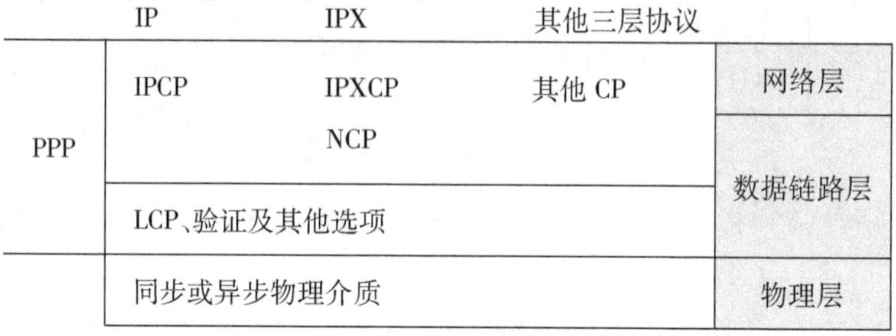

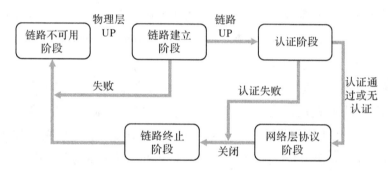

图 1-3　PPP 的分层体系架构

PPP 链路的建立共有 5 个阶段,如图 1-4 所示。

图 1-4　PPP 链路的建立过程

## 1.3.2　PPP 帧格式

PPP 帧的格式如图 1-5 所示。

| 标志 | 地址 | 控制 | 协议 | 信息域 | 帧校验 | 标志 |
|---|---|---|---|---|---|---|

图 1-5　PPP 帧格式

- 标志:1 字节,填充 0x7E,用来标示 PPP 帧的开始和结束。

- 地址:1 字节,对方的数据链路层地址,因为 PPP 是点对点的链路层协议,所以此字节无意义,用 0xFF 填充。

- 控制:1 字节,填充 0x03。

- 协议:2 字节,用于标识 PPP 数据帧中信息域所承载的数据报文的内容,常见取值有 0xc021(表示 LCP)、0xc023(表示 PAP)、0xc223(表示 CHAP)、0x8021(表示 NCP)、0x0021(表示 IP 协议数据报文)等。

- 帧校验:2 字节,用于 PPP 帧检查。

### 1.3.3 PPP 认证

PPP 支持用户的认证,是广域网接入使用的最广泛协议,目前 PPP 用得最多的两种认证分别是口令认证协议(Password Authentication Protocol,PAP)认证和质询握手认证协议(Challenge Handshake Authentication Protocol,CHAP)认证。

1. PAP 认证

PAP 为两次握手协议,它通过用户名和密码来对用户进行认证。PAP 在网络上以明文的方式传递用户名和密码。认证报文如果在传输过程中被截获,便有可能对网络安全造成威胁。因此,PAP 适用于对网络安全要求相对较低的环境。

2. CHAP 认证

CHAP 为三次握手协议。CHAP 认证过程分为两种方式:主认证方配置用户名、主认证方没有配置用户名。推荐使用主认证方配置用户名的方式,这样被认证方可以对主认证方的身份进行确认。CHAP 只在网络上传输用户名,并不传输用户密码(准确地讲,它不直接传输用户密码,传输的是用 MD5 算法将用户密码与一个随机报文 ID 一起计算的结果),因此它的安全性要比 PAP 高。其工作过程如图 1-6 所示。

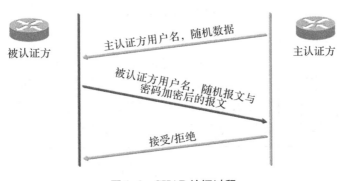

图 1-6 CHAP 认证过程

### 1.3.4 MLP

多链路 PPP(MultiLink PPP,MLP)可以将多条 PPP 链路捆绑起来。对于 MLP 链路两端的设备,就好像只有一条 PPP 连接,只需配置一个 IP 地址。MLP 具有以下优点:

- 增加带宽;
- 负载分担;
- 降低时延。

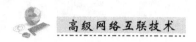

 **1.4　实训项目一　HDLC 协议基本配置**

* * * * * * * * * * * * * * * * * * * * * * * * * * * * *

## 【实训目的】

- 理解串行链路上的封装概念。
- 掌握接口 HDLC 协议封装的配置方法。

## 【实训拓扑图】

实训拓扑图如图 1-7 所示。

Se0/0/0　　　　　　Se0/0/0
R1　　　　　　　　　　　　　　R2

**图 1-7　实训拓扑图**

设备参数如表 1-1 所示。

**表 1-1　设备参数**

| 设备 | 接口 | IP 地址 | 子网掩码 | 默认网关 |
|------|--------|----------------|------------------|--------|
| R1 | Se0/0/0 | 192.168.12.1 | 255.255.255.0 | N/A |
| R2 | Se0/0/0 | 192.168.12.2 | 255.255.255.0 | N/A |

## 【实训内容】

### 1. 配置接口封装

（1）R1 路由器的基本配置

```
R1(config)#interface Serial0/0/0
R1(config-if)#ip address 192.168.12.1 255.255.255.0
R1(config-if)#encapsulation hdlc
//配置 HDLC 协议封装,思科路由器的串行接口默认是 HDLC 协议封装的
R1(config-if)#no shutdown
```

（2）R2 路由器的基本配置

R2（config）#**interface Serial0/0/0**

R2（config-if）#**ip address 192. 168. 12. 2 255. 255. 255. 0**

R2（config-if）#**encapsulation hdlc**

R2（config-if）#**no shutdown**

### 2. 查看接口信息

R1#**show interfaces Serial0/0/0**

Serial0/0/0 is up，line protocol is up

Hardware is GT96K Serial

Internet address is 192. 168. 12. 2/24

MTU 1500 bytes，BW 1544 Kbit/sec，DLY 20000 usec，

reliability 255/255，txload 1/255，rxload 1/255

**Encapsulation HDLC**，loopback not set

//接口封装的协议是 HDLC

Keepalive set（10 sec）

Last input 00：00：07，output 00：00：06，output hang never

Last clearing of "show interface" counters never

Input queue：0/75/0/0（size/max/drops/flushes）；Total output drops：0

Queueing strategy：weighted fair

Output queue：0/1000/64/0（size/max total/threshold/drops）

Conversations   0/1/256（active/max active/max total）

Reserved Conversations 0/0（allocated/max allocated）

Available Bandwidth 1158 kilobits/sec

5 minute input rate 0 bits/sec，0 packets/sec

5 minute output rate 0 bits/sec，0 packets/sec

15 packets input，1584 bytes，0 no buffer

Received 15 broadcasts，0 runts，0 giants，0 throttles

0 input errors，0 CRC，0 frame，0 overrun，0 ignored，0 abort

13 packets output，906 bytes，0 underruns

0 output errors，0 collisions，7 interface resets

0 unknown protocol drops

0 output buffer failures，0 output buffers swapped out

1 carrier transitions

DCD = up   DSR = up   DTR = up   RTS = up   CTS = up

# 1.5 实训项目二 PPP 封装与认证配置

\*\*\*\*\*\*\*\*\*\*\*\*\*\*\*\*\*\*\*\*\*\*\*\*\*\*\*\*\*\*\*\*\*\*\*\*\*\*\*\*

## 1.5.1 PAP 单向认证

【实训目的】

- 掌握 PAP 单向认证配置方法。
- 掌握 PAP 单向认证调试方法。

【实训拓扑图】

实训拓扑图如图 1-8 所示。

图 1-8 实训拓扑图

设备参数如表 1-2 所示。

表 1-2 设备参数

| 设备 | 接口 | IP 地址 | 子网掩码 | 默认网关 |
| --- | --- | --- | --- | --- |
| R1 | Se0/0/0 | 192.168.12.1 | 255.255.255.0 | N/A |
| R2 | Se0/0/0 | 192.168.12.2 | 255.255.255.0 | N/A |

【实训内容】

本实训配置路由器 R1(远程路由器,被认证方)被路由器 R2(中心路由器,主认证方)认证。

### 1. 配置 PAP 单向认证

(1)R1 路由器的基本配置

R1（config）#**interface Serial0/0/0**

R1（config-if）#**ip address 192.168.12.1 255.255.255.0**

R1（config-if）#**encapsulation ppp**

R1（config-if）#**ppp pap sent-username R1 password cisco**

//配置客户端把认证的用户名和密码发送给中心路由器

R1（config-if）#**no shutdown**

（2）R2 路由器的基本配置

R2（config）#**username R1 password cisco**

//建立本地认证数据库

R2（config）#**interface Serial0/0/0**

R2（config-if）#**clock rate 128000**

R2（config-if）#**ip address 192.168.12.2 255.255.255.0**

R2（config-if）#**encapsulation ppp**

R2（config-if）#**ppp authentication pap**

//配置 PAP 认证的主认证方

R2（config-if）#**no shutdown**

## 2. 实训调试

（1）查看 PPP 认证过程

R2#**debug ppp authentication**

\* May 11 07:16:11.959: Se0/0/0 PPP: Authorization required

\* May 11 07:16:11.963: Se0/0/0 PAP: I AUTH-REQ id 16 len 13 from "R1"

//收到用户名 R1 发送的 ID 为 16、长度为 13 比特的认证请求

\* May 11 07:16:11.963: Se0/0/0 PAP: Authenticating peer R1

//开始认证对端

\* May 11 07:16:11.967: Se0/0/0 PPP: Sent PAP LOGIN Request

//发送 PAP 登录请求

\* May 11 07:16:11.967: Se0/0/0 PPP: Received LOGIN Response PASS

//收到登录通过响应

\* May 11 07:16:11.967: Se0/0/0 PPP: Sent LCP AUTHOR Request

//发送 LCP 授权请求

\* May 11 07:16:11.967: Se0/0/0 PPP: Sent IPCP AUTHOR Request

//发送 IPCP 授权请求

\* May 11 07:16:11.971: Se0/0/0 LCP: Received AAA AUTHOR Response PASS

//收到 AAA 对 LCP 授权响应

* May 11 07:16:11.971: Se0/0/0 IPCP: Received AAA AUTHOR Response PASS

//收到 AAA 对 IPCP 授权响应

* May 11 07:16:11.971: Se0/0/0 PAP: O AUTH-ACK id 16 len 5

//发送 ID 为 17、长度为 5 比特的认证确认

* May 11 07:16:11.971: Se0/0/0 PPP: Sent CDPCP AUTHOR Request

//发送 CDPCP 授权请求

* May 11 07:16:11.971: Se0/0/0 CDPCP: Received AAA AUTHOR Response PASS

//收到 AAA 对 CDPCP 授权响应

（2）认证失败调试

在路由器 R2 上没有配置本地认证数据库，或者两端用户名或密码错误，将导致认证失败。下面是本地数据库没有配置用户名和密码导致认证失败的例子，其调试信息如下：

* May 11 07:28:01.483: Se0/0/0 PPP: Authorization required
* May 11 07:28:01.491: Se0/0/0 PAP: I **AUTH-REQ** id 87 len 13 from "R1"
* May 11 07:28:01.491: Se0/0/0 PAP: Authenticating peer R1
* May 11 07:28:01.491: Se0/0/0 PPP: Sent PAP LOGIN Request
* May 11 07:28:01.495: Se0/0/0 PPP: Received LOGIN Response FAIL
* May 11 07:28:01.495: Se0/0/0 PAP: O **AUTH-NAK** id 87 len 26 msg is "**Authentication failed**"

## 1.5.2 CHAP 单向认证

【实训目的】

- 掌握 CHAP 单向认证配置方法。
- 掌握 CHAP 单向认证调试方法。

【实训拓扑图】

实训拓扑图如图 1-9 所示。

图 1-9 实训拓扑图

设备参数如表1-3所示。

表1-3  设备参数

| 设备 | 接口 | IP地址 | 子网掩码 | 默认网关 |
|------|------|--------|----------|----------|
| R1 | Se0/0/0 | 192.168.12.1 | 255.255.255.0 | N/A |
| R2 | Se0/0/0 | 192.168.12.2 | 255.255.255.0 | N/A |

## 【实训内容】

本实训配置路由器R1(远程路由器,被认证方)被路由器R2(中心路由器,主认证方)认证。

### 1. 配置CHAP单向认证

(1) R1路由器的基本配置

```
R1(config)#interface Serial0/0/0
R1(config-if)#ip address 192.168.12.1 255.255.255.0
R1(config-if)#encapsulation ppp
R1(config-if)#ppp chap hostname R1
R1(config-if)#ppp chap password cisco
//配置客户端把认证的用户名和密码发送给中心路由器
R1(config-if)#no shutdown
```

(2) R2路由器的基本配置

```
R2(config)#username R1 password cisco
//建立本地认证数据库
R2(config)#interface Serial0/0/0
R2(config-if)#clock rate 128000
R2(config-if)#ip address 192.168.12.2 255.255.255.0
R2(config-if)#encapsulation ppp
R2(config-if)#ppp authentication chap
//配置CHAP认证,此路由器为主认证方
R2(config-if)#no shutdown
```

### 2. 实训调试

(1) 查看PPP认证过程

```
R2#debug ppp authentication
*May 11 07:39:46.019: Se0/0/0 CHAP: O CHALLENGE id 17 len 23 from "R2"
//从R2发送ID为17、长度为23比特的质询
*May 11 07:39:46.027: Se0/0/0 CHAP: I RESPONSE id 17 len 23 from "R1"
//从R1接收ID为17、长度为23比特的响应
```

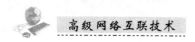

* May 11 07∶39∶46. 027∶ Se0/0/0 PPP∶ Sent CHAP LOGIN Request

* May 11 07∶39∶46. 027∶ Se0/0/0 PPP∶ Received LOGIN Response PASS

* May 11 07∶39∶46. 031∶ Se0/0/0 PPP∶ Sent LCP AUTHOR Request

* May 11 07∶39∶46. 031∶ Se0/0/0 PPP∶ Sent IPCP AUTHOR Request

* May 11 07∶39∶46. 031∶ Se0/0/0 LCP∶ Received AAA AUTHOR Response PASS

* May 11 07∶39∶46. 031∶ Se0/0/0 IPCP∶ Received AAA AUTHOR Response PASS

* May 11 07∶39∶46. 031∶ Se0/0/0 CHAP∶ O SUCCESS id 17 len 4

//从 R2 发送 ID 为 17、长度为 4 比特的认证成功信息

* May 11 07∶39∶46. 031∶ Se0/0/0 PPP∶ Sent CDPCP AUTHOR Request

* May 11 07∶39∶46. 035∶ Se0/0/0 CDPCP∶ Received AAA AUTHOR Response PASS

以上输出表明 CHAP 认证确实是 3 次握手。

（2）认证失败调试

在路由器 R2 上没有配置本地认证数据库，或者两端用户名或密码错误，将导致认证失败。下面是本地数据库没有配置用户名和密码导致认证失败的例子，其调试信息如下：

* May 11 07∶58∶08. 787∶ Se0/0/0 CHAP∶ O CHALLENGE id 20 len 23 from "R2"

* May 11 07∶58∶08. 791∶ Se0/0/0 CHAP∶ I RESPONSE id 20 len 23 from "R1"

* May 11 07∶58∶08. 795∶ Se0/0/0 PPP∶ Sent CHAP LOGIN Request

* May 11 07∶58∶08. 795∶ Se0/0/0 PPP∶ Received LOGIN Response **FAIL**

* May 11 07∶58∶08. 795∶ Se0/0/0 CHAP∶ O FAILURE id 20 len 25 msg is "**Authentication failed**"

### 1.5.3　PAP&CHAP 双向认证

【实训目的】

- 掌握 PAP 双向认证配置方法。
- 掌握 CHAP 双向认证配置方法。
- 掌握 PAP 双向认证调试方法。
- 掌握 CHAP 双向认证调试方法。

【实训拓扑图】

实训拓扑图如图 1-10 所示。

图 1-10 实训拓扑图

设备参数如表 1-4 所示。

表 1-4 设备参数

| 设备 | 接口 | IP 地址 | 子网掩码 | 默认网关 |
|------|------|---------|----------|----------|
| R1 | Se0/0/0 | 192.168.12.1 | 255.255.255.0 | N/A |
| R2 | Se0/0/0 | 192.168.12.2 | 255.255.255.0 | N/A |
|    | Se0/0/1 | 192.168.23.2 | 255.255.255.0 | N/A |
| R3 | Se0/0/0 | 192.168.23.3 | 255.255.255.0 | N/A |

## 【实训内容】

本实训实现路由器 R1 和路由器 R2 间双向 PAP 认证,路由器 R2 和路由器 R3 间双向 CHAP 认证。

### 1. 配置双向认证

（1）R1 路由器的基本配置

```
R1(config)#username R2 password cisco
R1(config)#interface Serial0/0/0
R1(config-if)#ip address 192.168.12.1 255.255.255.0
R1(config-if)#encapsulation ppp
R1(config-if)#ppp authentication pap
R1(config-if)#ppp pap sent-username R1 password cisco
R1(config-if)#no shutdown
```

（2）R2 路由器的基本配置

```
R2(config)#username R1 password cisco
R2(config)#username R3 password cisco
R2(config)#interface Serial0/0/0
R2(config-if)#clock rate 128000
R2(config-if)#ip address 192.168.12.2 255.255.255.0
R2(config-if)#encapsulation ppp
R2(config-if)#ppp authentication pap
R2(config-if)#ppp pap sent-username R2 password cisco
```

```
R2(config-if)#no shutdown
R2(config)#interface Serial0/0/1
R2(config-if)#clock rate 128000
R2(config-if)#ip address 192.168.23.2 255.255.255.0
R2(config-if)#encapsulation ppp
R2(config-if)#ppp authentication chap
R2(config-if)#ppp chap hostname R2
R2(config-if)#ppp chap password cisco
R2(config-if)#no shutdown
```

（3）R3 路由器的基本配置

```
R3(config)#username R2 password cisco
R3(config)#interface Serial0/0/0
R3(config-if)#ip address 192.168.23.3 255.255.255.0
R3(config-if)#encapsulation ppp
R3(config-if)#ppp authentication chap
R3(config-if)#ppp chap hostname R3
R3(config-if)#ppp chap password cisco
R3(config-if)#no shutdown
```

### 2. 实训调试

（1）查看 PPP 认证过程

```
R2#debug ppp authentication
* May 11 09:07:06.987: Se0/0/0 PPP: Authorization required
* May 11 09:07:06.991: Se0/0/0 PAP: Using hostname from interface PAP
* May 11 09:07:06.991: Se0/0/0 PAP: Using password from interface PAP
* May 11 09:07:06.991: Se0/0/0 PAP: O AUTH-REQ id 4 len 13 from "R2"
* May 11 09:07:06.995: Se0/0/0 PAP: I AUTH-REQ id 9 len 13 from "R1"
* May 11 09:07:06.995: Se0/0/0 PAP: Authenticating peer R1
* May 11 09:07:06.995: Se0/0/0 PPP: Sent PAP LOGIN Request
* May 11 09:07:06.995: Se0/0/0 PPP: Received LOGIN Response PASS
* May 11 09:07:06.995: Se0/0/0 PPP: Sent LCP AUTHOR Request
* May 11 09:07:06.995: Se0/0/0 PPP: Sent IPCP AUTHOR Request
* May 11 09:07:06.999: Se0/0/0 PAP: I AUTH-ACK id 4 len 5
* May 11 09:07:06.999: Se0/0/0 LCP: Received AAA AUTHOR Response PASS
* May 11 09:07:06.999: Se0/0/0 IPCP: Received AAA AUTHOR Response PASS
* May 11 09:07:06.999: Se0/0/0 PAP: O AUTH-ACK id 9 len 5
```

\* May 11 09: 07: 06. 999: Se0/0/0 PPP: Sent CDPCP AUTHOR Request

\* May 11 09: 07: 07. 003: Se0/0/0 CDPCP: Received AAA AUTHOR Response PASS

\* May 11 09: 20: 29. 055: Se0/0/1 CHAP: O CHALLENGE id 40 len 23 from "R2"

\* May 11 09: 20: 29. 055: Se0/0/1 CHAP: I CHALLENGE id 153 len 23 from "R3"

\* May 11 09: 20: 29. 059: Se0/0/1 CHAP: Using hostname from interface CHAP

\* May 11 09: 20: 29. 059: Se0/0/1 CHAP: Using password from AAA

\* May 11 09: 20: 29. 059: Se0/0/1 CHAP: O RESPONSE id 153 len 23 from "R2"

\* May 11 09: 20: 29. 059: Se0/0/1 CHAP: I RESPONSE id 40 len 23 from "R3"

\* May 11 09: 20: 29. 059: Se0/0/1 PPP: Sent CHAP LOGIN Request

\* May 11 09: 20: 29. 063: Se0/0/1 PPP: Received LOGIN Response PASS

\* May 11 09: 20: 29. 063: Se0/0/1 PPP: Sent LCP AUTHOR Request

\* May 11 09: 20: 29. 063: Se0/0/1 PPP: Sent IPCP AUTHOR Request

\* May 11 09: 20: 29. 063: Se0/0/1 LCP: Received AAA AUTHOR Response PASS

\* May 11 09: 20: 29. 063: Se0/0/1 IPCP: Received AAA AUTHOR Response PASS

\* May 11 09: 20: 29. 063: Se0/0/1 CHAP: O SUCCESS id 40 len 4

\* May 11 09: 20: 29. 067: Se0/0/1 CHAP: I SUCCESS id 153 len 4

\* May 11 09: 20: 29. 067: Se0/0/1 PPP: Sent CDPCP AUTHOR Request

\* May 11 09: 20: 29. 067: Se0/0/1 CDPCP: Received AAA AUTHOR Response PASS

\* May 11 09: 20: 29. 071: Se0/0/1 PPP: Sent IPCP AUTHOR Request

（2）认证失败调试

在任一路由器上没有配置本地认证数据库，或者两端用户名或密码错误，将导致认证失败。下面是本地数据库没有配置用户名和密码导致认证失败的例子，其调试信息如下：

\* May 11 09: 27: 26. 507: Se0/0/0 PPP: Authorization required

\* May 11 09: 27: 26. 511: Se0/0/0 PAP: Using hostname from interface PAP

\* May 11 09: 27: 26. 511: Se0/0/0 PAP: Using password from interface PAP

\* May 11 09: 27: 26. 511: Se0/0/0 PAP: O AUTH-REQ id 21 len 13 from "R2"

\* May 11 09: 27: 26. 515: Se0/0/0 PAP: I AUTH-REQ id 26 len 13 from "R1"

\* May 11 09: 27: 26. 515: Se0/0/0 PAP: Authenticating peer R1

\* May 11 09: 27: 26. 515: Se0/0/0 PPP: Sent PAP LOGIN Request

\* May 11 09: 27: 26. 519: Se0/0/0 PPP: Received LOGIN Response **FAIL**

\* May 11 09: 27: 26. 519: Se0/0/0 PAP: O AUTH-NAK id 26 len 26 msg is "**Authentication failed**"

\* May 11 09: 28: 55. 659: Se0/0/1 PPP: Authorization required

\* May 11 09: 28: 55. 663: Se0/0/1 CHAP: O CHALLENGE id 45 len 23 from "R2"

\* May 11 09: 28: 55. 667: Se0/0/1 CHAP: I CHALLENGE id 158 len 23 from "R3"

\* May 11 09: 28: 55. 671: Se0/0/1 CHAP: Using hostname from interface CHAP

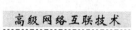

高级网络互联技术

```
* May 11 09:28:55.671: Se0/0/1 CHAP: Using password from interface CHAP
* May 11 09:28:55.671: Se0/0/1 CHAP: O RESPONSE id 158 len 23 from "R2"
* May 11 09:28:55.671: Se0/0/1 CHAP: I RESPONSE id 45 len 23 from "R3"
* May 11 09:28:55.671: Se0/0/1 PPP: Sent CHAP LOGIN Request
* May 11 09:28:55.671: Se0/0/1 PPP: Received LOGIN Response FAIL
* May 11 09:28:55.675: Se0/0/1 CHAP: O FAILURE id 45 len 25 msg is "Authentication failed"
```

 1.6 实训项目三 MLP 配置

## 【实训目的】

- 理解多链路捆绑的原理。
- 掌握多链路捆绑的配置方法。

## 【实训拓扑图】

实训拓扑图如图 1-11 所示。

图 1-11 实训拓扑图

设备参数如表 1-5 所示。

表 1-5 设备参数

| 设备 | 接口 | IP 地址 | 子网掩码 | 默认网关 |
|------|------|---------|----------|----------|
| R1 | Multilink1 | 192.168.12.1 | 255.255.255.0 | N/A |
| R2 | Multilink1 | 192.168.12.2 | 255.255.255.0 | N/A |

16

## 【实训内容】

### 1. 配置捆绑组

（1）R1 路由器的基本配置

```
R1(config)#interface multilink 1
//创建捆绑组,编号为1
R1(config-if)#ip address 192.168.12.1 255.255.255.0
R1(config)#interface Serial0/0/0
R1(config-if)#encapsulation ppp
//捆绑组成员封装 PPP
R1(config-if)#ppp multilink
//开启 PPP 链路捆绑
R1(config-if)#ppp multilink group 1
//将接口加入捆绑组
R1(config-if)#no shutdown
R1(config)#interface Serial0/0/1
R1(config-if)#encapsulation ppp
R1(config-if)#ppp multilink group 1
R1(config-if)#no shutdown
```

（2）R2 路由器的基本配置

```
R2(config)#interface multilink 1
R2(config-if)#ip address 192.168.12.2 255.255.255.0
R2(config)#interface Serial0/0/0
R2(config-if)#encapsulation ppp
R2(config-if)#ppp multilink
R2(config-if)#ppp multilink group 1
R2(config-if)#no shutdown
R2(config)#interface Serial0/0/1
R2(config-if)#encapsulation ppp
R2(config-if)#ppp multilink group 1
R2(config-if)#no shutdown
```

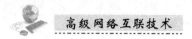

### 2. 查看接口信息

R1#**show interfaces Multilink1**

Multilink1 is **up**, line protocol is **up**

//链路状态为 UP

    Hardware is multilink group interface

    Internet address is 192.168.12.1/24

    MTU 1500 bytes, BW 256 Kbit/sec, DLY 100000 usec,

      reliability 255/255, txload 1/255, rxload 1/255

    **Encapsulation PPP**, LCP Open, multilink Open

//该接口为 PPP 封装

    (------省略部分输出------)

# 虚拟路由器冗余协议 VRRP

虚拟路由器冗余协议(Virtual Router Redundancy Protocol,VRRP)是解决局域网单点故障的冗余备份路由协议。它采用主备模式设计,以保证当主路由设备发生故障时,备份路由设备可以在不影响内外数据通信的前提下进行功能切换,且不需要再修改内部网络的参数。

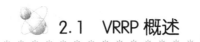

## 2.1  VRRP 概述

VRRP 采用主备模式构建虚拟路由设备。VRRP 组内的多个路由设备都映射为一个虚拟的路由设备。VRRP 保证同时有且只有一个路由设备在代表虚拟路由设备进行包的发送,主机则是把数据包发向该虚拟路由设备。这个转发数据包的路由设备被选择成为主路由设备。如果这个主路由设备在某个时候由于某种原因而无法工作的话,则处于备份状态的路由设备将被选择来代替主路由设备。VRRP 使得局域网内的主机看上去只使用了一个路由设备,并且即使在它当前所使用的首跳路由设备失效的情况下仍能够保持路由的连通性。

在 VRRP 协议中,有两组重要的概念:

- VRRP 路由器和虚拟路由器。
- 主路由器(Master Router)和备份路由器(Backup Router)。

VRRP 路由器是指运行 VRRP 的路由器,一般指的是物理路由器;虚拟路由器是指 VRRP 创建的虚拟路由器,即虚拟网关。一组 VRRP 路由器协同工作,共同构成一台虚拟路由器,虚拟路由器对外表现为具有唯一固定的 IP 地址和 MAC 地址。处于同一个 VRRP 组中的路由器具有两种角色:主路由器和备份路由器。一个 VRRP 组中有且只有一个主路由器,可以有一个或者多个备份路由器。

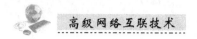

### 2.1.1　VRRP 术语

#### 1. VRRP 备份组

一组路由器运行 VRRP,共同构成一台虚拟路由器。VRRP 备份组由虚拟路由器号(VRID)来区分。同一组的路由器具有相同的 VRID,取值范围为 1～255。

#### 2. 主路由器

主路由器负责 ARP 解析和转发 IP 数据包。

#### 3. 备份路由器

当主路由器发生故障时,其中的一台备份路由器能立即升级为主路由器。此切换非常迅速,而且不用改变 IP 地址和 MAC 地址,故起到了冗余备份作用。

#### 4. VRRP 优先级

运行 VRRP 的路由器初始状态有一个 VRRP 优先级,默认数值为 100,可设置的范围是 1～254。数值越大,其优先级越高。

#### 5. VRRP 抢占模式

运行 VRRP 的一组路由器中,备份路由器会监测主路由器的通告信息。当主路由器失效时,备份路由器会立即接替工作,即为抢占模式。

#### 6. IP 地址拥有者

当 VRRP 组中的路由器接口 IP 地址与虚拟路由器 IP 地址相同时,路由器被称为 IP 地址拥有者。

### 2.1.2　VRRP 工作原理

#### 1. VRRP 报文

VRRP 的报文封装在 IP 报文中,以组播的方式进行传播。组播地址为 224.0.0.18,IP 报文协议字段的值为 112,如图 2-1 所示。

| 0　　　　　4　　　　　8　　　　　　　　　　　16　　　　　　　　　　　　　　　　　32 | | | | |
|---|---|---|---|---|
| 版本 | 类型 | VRID | 优先级 | 虚拟 IP 地址个数 |
| 认证类型 | 发送报文时间间隔 | | 校验和 | |
| IP 地址(1) | | | | |
| …… | | | | |
| IP 地址(n) | | | | |
| 认证数据(1) | | | | |
| 认证数据(2) | | | | |

图 2-1　VRRP 报文格式

- 版本:长度为 4 bit,指定 VRRP 的版本号。
- 类型:占 4 bit,定义了 VRRP 的报文类型,字段值为 1,表示通告报文(Advertisement)。
- VRID:虚拟路由器标识。
- 优先级:指明路由器的优先级,范围为 1～254。
- 虚拟 IP 地址个数:长度为 8 bit,说明备份组中虚拟路由器的 IP 地址个数,即 VRRP 通告中包含 IP 地址的数量。
- 认证类型:长度为 8 bit,表示 VRRP 认证报文类型。
- 发送报文时间间隔:长度为 8 bit,默认为 1 s。
- 校验和:用于校验 VRRP 消息是否出错。
- IP 地址:用于存放虚拟 IP 地址。
- 认证数据:用于简单字符认证。

**2. VRRP 工作原理**

路由器开始运行 VRRP 后,会根据优先级确定自己在备份组中的角色。优先级最高的路由器将成为主路由器。如果路由器的 IP 地址与虚拟 IP 地址相同,则该路由器的优先级为 255,直接被选定为主路由器,其他路由器则成为备份路由器。如果 VRRP 备份组中路由器的优先级都相同,则比较路由器启用 VRRP 接口的 IP 地址,IP 地址大的将被选为主路由器。

VRRP 工作组中的路由器有三种状态:初始化、主用和备用。三种状态的转化机制如图 2-2 所示。

**图 2-2　VRRP 状态转化机制**

## 2.2  VRRP 配置命令

\* \* \* \* \* \* \* \* \* \* \* \* \* \* \* \* \* \* \* \*

### 1. 基本配置

Router(config)# **interface** *interface-type interface-number*

//进入三层接口,可以是 SVI

Router(config-if)# **vrrp** *group* **ip** *ipaddress*［**secondary**］

//启用 VRRP 组,组号取值范围为 1～255

Router(config-if)# **vrrp** *group* **priority** *level*

//设置 VRRP 组的优先级,范围为 1～254,默认值为 100

Router(config-if)# **vrrp group preempt**［**delay** *seconds*］

//设置 VRRP 抢占模式,默认工作在抢占模式。如果 VRRP 组工作在抢占模式下,一旦它发现自己的优先级高于当前主路由器的优先级,它将抢占成为该 VRRP 组的主路由设备

### 2. 优化配置

Router(config-if)# **vrrp** *group* **authentication** *string*

//设置 VRRP 验证字符串

Router(config-if)# **vrrp** *group* **track** *interface-type interface-number*［*interface-priority*］

//设置 VRRP 组监视的接口,参数 Interface-Priority 取值范围为 1～255。若参数 Interface-Priority 缺省,则系统会取默认值 10

## 2.3  实训项目  VRRP 配置

\* \* \* \* \* \* \* \* \* \* \* \* \* \* \* \* \* \* \* \* \* \* \* \*

【实训目的】

- 理解 VRRP 的工作原理。
- 掌握 VRRP 的配置命令。

【实训拓扑图】

实训拓扑图如图 2-3 所示。

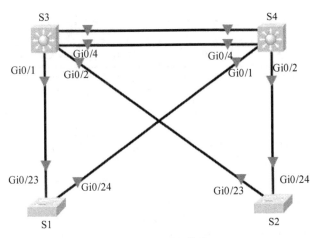

图 2-3　实训拓扑图

设备参数和 VRRP 参数如表 2-1、表 2-2 所示。

表 2-1　设备参数

| 设备 | 接口或 VLAN | VLAN 名称 | 二层或三层规划 | 说明 |
|---|---|---|---|---|
| S1 | VLAN10 | RF | Gi0/1 至 Gi0/4 | 研发 |
| | VLAN20 | Sales | Gi0/5 至 Gi0/8 | 市场 |
| | VLAN30 | Supply | Gi0/9 至 Gi0/12 | 供应链 |
| | VLAN40 | Service | Gi0/13 至 Gi0/16 | 售后 |
| | VLAN100 | Manage | 192.168.100.2/24 | 设备管理 VLAN |
| S2 | VLAN10 | RF | Gi0/1 至 Gi0/4 | 研发 |
| | VLAN20 | Sales | Gi0/5 至 Gi0/8 | 市场 |
| | VLAN30 | Supply | Gi0/9 至 Gi0/12 | 供应链 |
| | VLAN40 | Service | Gi0/13 至 Gi0/16 | 售后 |
| | VLAN100 | Manage | 192.168.100.3/24 | 设备管理 VLAN |
| S3 | VLAN10 | RF | 192.168.10.252/24 | 研发 |
| | VLAN20 | Sales | 192.168.20.252/24 | 市场 |
| | VLAN30 | Supply | 192.168.30.252/24 | 供应链 |
| | VLAN40 | Service | 192.168.40.252/24 | 售后 |
| | VLAN100 | Manage | 192.168.100.252/24 | 设备管理 VLAN |
| | Gi0/3 | Trunk | | AG1 成员口 |
| | Gi0/4 | Trunk | | AG1 成员口 |

续表

| 设备 | 接口或 VLAN | VLAN 名称 | 二层或三层规划 | 说明 |
|---|---|---|---|---|
| S4 | VLAN10 | RF | 192.168.10.253/24 | 研发 |
| | VLAN20 | Sales | 192.168.20.253/24 | 市场 |
| | VLAN30 | Supply | 192.168.30.253/24 | 供应链 |
| | VLAN40 | Service | 192.168.40.253/24 | 售后 |
| | VLAN100 | Manage | 192.168.100.253/24 | 设备管理 VLAN |
| | Gi0/3 | Trunk | | AG1 成员口 |
| | Gi0/4 | Trunk | | AG1 成员口 |

表 2-2 VRRP 参数

| VLAN | VRRP 备份组号（VRID） | VRRP 虚拟 IP |
|---|---|---|
| VLAN10 | 10 | 192.168.10.254 |
| VLAN20 | 20 | 192.168.20.254 |
| VLAN30 | 30 | 192.168.30.254 |
| VLAN40 | 40 | 192.168.40.254 |
| VLAN100（交换机间） | 100 | 192.168.100.254 |

## 【实训内容】

### 1. 基本配置

（1）S1 交换机的基本配置

```
S1（config）#vlan 10
S1（config-vlan）#name RF
S1（config-vlan）#vlan 20
S1（config-vlan）#name Sales
S1（config-vlan）#vlan 30
S1（config-vlan）#name Supply
S1（config-vlan）#vlan 40
S1（config-vlan）#name Service
S1（config-vlan）#vlan 100
S1（config-vlan）#name Manage
S1（config-vlan）#interface range gigabitEthernet 0/1-4
S1（config-if-range）#switchport mode access
S1（config-if-range）#switchport access vlan 10
S1（config-if-range）#interface range gigabitEthernet 0/5-8
S1（config-if-range）#switchport mode access
```

S1（config-if-range）#**switchport access vlan 20**

S1（config-if-range）#**interface range gigabitEthernet 0/9-12**

S1（config-if-range）#**switchport mode access**

S1（config-if-range）#**switchport access vlan 30**

S1（config-if-range）#**interface range gigabitEthernet 0/13-16**

S1（config-if-range）#**switchport mode access**

S1（config-if-range）#**switchport access vlan 40**

S1（config-if-range）#**interface range GigabitEthernet 0/23-24**

S1（config-if-range）#**switchport mode trunk**

S1（config-if-range）#**exit**

S1（config）#**interface vlan 100**

S1（config-if-VLAN 100）#**ip address 192. 168. 100. 2 255. 255. 255. 0**

（2）S2 交换机的基本配置

S2（config）#**vlan 10**

S2（config-vlan）#**name RF**

S2（config-vlan）#**vlan 20**

S2（config-vlan）#**name Sales**

S2（config-vlan）#**vlan 30**

S2（config-vlan）#**name Supply**

S2（config-vlan）#**vlan 40**

S2（config-vlan）#**name Service**

S2（config-vlan）#**vlan 100**

S2（config-vlan）#**name Manage**

S2（config-vlan）#**interface range gigabitEthernet 0/1-4**

S2（config-if-range）#**switchport mode access**

S2（config-if-range）#**switchport access vlan 10**

S2（config-if-range）#**interface range gigabitEthernet 0/5-8**

S2（config-if-range）#**switchport mode access**

S2（config-if-range）#**switchport access vlan 20**

S2（config-if-range）#**interface range gigabitEthernet 0/9-12**

S2（config-if-range）#**switchport mode access**

S2（config-if-range）#**switchport access vlan 30**

S2（config-if-range）#**interface range gigabitEthernet 0/13-16**

S2（config-if-range）#**switchport mode access**

S2（config-if-range）#**switchport access vlan 40**

```
S2(config-if-range)#interface range GigabitEthernet 0/23-24
S2(config-if-range)#switchport mode trunk
S2(config-if-range)#exit
S2(config)#interface vlan 100
S2(config-if-VLAN 100)#ip address 192.168.100.3 255.255.255.0
```

（3）S3 交换机的基本配置

```
S3(config)#vlan 10
S3(config-vlan)#name RF
S3(config-vlan)#vlan 20
S3(config-vlan)#name Sales
S3(config-vlan)#vlan 30
S3(config-vlan)#name Supply
S3(config-vlan)#vlan 40
S3(config-vlan)#name Service
S3(config-vlan)#vlan 100
S3(config-vlan)#name Manage
S3(config-vlan)#interface aggregateport 1
S3(config-if-AggregatePort 1)#interface range GigabitEthernet 0/3-4
S3(config-if-range)#port-group 1
S3(config-if-range)#interface range GigabitEthernet 0/1-2
S3(config-if-range)#switchport mode trunk
S3(config-if-range)#interface vlan 10
S3(config-if-VLAN 10)#ip address 192.168.10.252 255.255.255.0
S3(config-if-VLAN 10)#interface vlan 20
S3(config-if-VLAN 20)#ip address 192.168.20.252 255.255.255.0
S3(config-if-VLAN 20)#interface vlan 30
S3(config-if-VLAN 30)#ip address 192.168.30.252 255.255.255.0
S3(config-if-VLAN 30)#interface vlan 40
S3(config-if-VLAN 40)#ip address 192.168.40.252 255.255.255.0
S3(config-if-VLAN 40)#interface vlan 100
S3(config-if-VLAN 100)#ip address 192.168.100.252 255.255.255.0
```

（4）S4 交换机的基本配置

```
S4（config）#vlan 10
S4（config-vlan）#name RF
S4（config-vlan）#vlan 20
S4（config-vlan）#name Sales
S4（config-vlan）#vlan 30
S4（config-vlan）#name Supply
S4（config-vlan）#vlan 40
S4（config-vlan）#name Service
S4（config-vlan）#vlan 100
S4（config-vlan）#name Manage
S4（config-vlan）#interface aggregateport 1
S4（config-if-AggregatePort 1）#interface range GigabitEthernet 0/3-4
S4（config-if-range）#port-group 1
S4（config-if-range）#interface range GigabitEthernet 0/1-2
S4（config-if-range）#switchport mode trunk
S4（config-if-range）#interface vlan 10
S4（config-if-VLAN 10）#ip address 192.168.10.253 255.255.255.0
S4（config-if-VLAN 10）#interface vlan 20
S4（config-if-VLAN 20）#ip address 192.168.20.253 255.255.255.0
S4（config-if-VLAN 20）#interface vlan 30
S4（config-if-VLAN 30）#ip address 192.168.30.253 255.255.255.0
S4（config-if-VLAN 30）#interface vlan 40
S4（config-if-VLAN 40）#ip address 192.168.40.253 255.255.255.0
S4（config-if-VLAN 40）#interface vlan 100
S4（config-if-VLAN 100）#ip address 192.168.100.253 255.255.255.0
```

## 2. 生成树 MSTP 配置

### （1）S1 交换机的生成树配置

S1（config）#**spanning-tree**

//启用生成树协议

S1（config）#**spanning-tree mode mstp**

//配置生成树的模式为 MSTP

S1（config）#**spanning-tree mst configuration**

//进入 MST 模式

---

S1（config-mst）#**revision 1**

//配置版本修订号为 1

S1（config-mst）#**name siso**

//MST 名称为 siso

S1（config-mst）#**instance 1 vlan 10,20,30,40,100**

//配置实例 1 映射的 VLAN

### （2）S2 交换机的生成树配置

S2（config）#**spanning-tree**

S2（config）#**spanning-tree mode mstp**

S2（config）#**spanning-tree mst configuration**

S2（config-mst）#**revision 1**

S2（config-mst）#**name siso**

S2（config-mst）#**instance 1 vlan 10,20,30,40,100**

### （3）S3 交换机的生成树配置

S3（config）#**spanning-tree**

S3（config）#**spanning-tree mode mstp**

S3（config）#**spanning-tree mst configuration**

S3（config-mst）#**revision 1**

S3（config-mst）#**name siso**

S3（config-mst）#**instance 1 vlan 10,20,30,40,100**

S3（config-mst）#**spanning-tree mst 1 priority 4096**

//配置 S3 的实例 1 优先级为 4096,确保 S3 成为生成树的备份根

（4）S4 交换机的生成树配置

```
S4（config）#spanning-tree
S4（config）#spanning-tree mode mstp
S4（config）#spanning-tree mst configuration
S4（config-mst）#revision 1
S4（config-mst）#name siso
S4（config-mst）#instance 1 vlan 10,20,30,40,100
S4（config）#spanning-tree mst 1 priority 0
//配置 S4 实例 1 的优先级为 0,确保 S4 成为生成树的根
```

### 3. VRRP 配置

（1）S3 交换机的 VRRP 配置

```
S3（config）#interface vlan 10
S3（config-if-VLAN 10）#vrrp 10 ip 192.168.10.254
S3（config-if-VLAN 10）#vrrp 10 priority 120
//设置 VRRP 优先级为 120,让它成为备份网关
S3（config-if-VLAN 10）#interface vlan 20
S3（config-if-VLAN 20）#vrrp 20 ip 192.168.20.254
S3（config-if-VLAN 20）#vrrp 20 priority 120
S3（config-if-VLAN 20）#interface vlan 30
S3（config-if-VLAN 30）#vrrp 30 ip 192.168.30.254
S3（config-if-VLAN 30）#vrrp 30 priority 120
S3（config-if-VLAN 30）#interface vlan 40
S3（config-if-VLAN 40）#vrrp 40 ip 192.168.40.254
S3（config-if-VLAN 40）#vrrp 40 priority 120
S3（config-if-VLAN 40）#interface vlan 100
S3（config-if-VLAN 100）#vrrp 100 ip 192.168.100.254
S3（config-if-VLAN 100）#vrrp 100 priority 120
```

（2）S4 交换机的 VRRP 配置

```
S4（config）#interface vlan 10
S4（config-if-VLAN 10）#vrrp 10 ip 192.168.10.254
S4（config-if-VLAN 10）#vrrp 10 priority 150
//设置 VRRP 优先级为 150,让它成为实际网关
S4（config-if-VLAN 10）#interface vlan 20
S4（config-if-VLAN 20）#vrrp 20 ip 192.168.20.254
```

```
S4(config-if-VLAN 20)#vrrp 20 priority 150
S4(config-if-VLAN 20)#interface vlan 30
S4(config-if-VLAN 30)#vrrp 30 ip 192.168.30.254
S4(config-if-VLAN 30)#vrrp 30 priority 150
S4(config-if-VLAN 30)#interface vlan 40
S4(config-if-VLAN 40)#vrrp 40 ip 192.168.40.254
S4(config-if-VLAN 40)#vrrp 40 priority 150
S4(config-if-VLAN 40)#interface vlan 100
S4(config-if-VLAN 100)#vrrp 100 ip 192.168.100.254
S4(config-if-VLAN 100)#vrrp 100 priority 150
```

### 4. 防环优化配置

（1）S1 交换机的防环配置

```
S1(config)#interface range GigabitEthernet 0/1-16
S1(config-if-range)#spanning-tree bpduguard enable
//在终端接口启动 BPDU 保护
S1(config-if-range)#spanning-tree portfast
//终端接口设置为边缘端口
S1(config-if-range)#exit
S1(config)#errdisable recovery interval 300
//配置 BPDU guard 自动恢复时间间隔为 300 s
```

（2）S2 交换机的防环配置

```
S2(config)#interface range GigabitEthernet 0/1-16
S2(config-if-range)#spanning-tree bpduguard enable
S2(config-if-range)#spanning-tree portfast
S2(config-if-range)#exit
S2(config)#errdisable recovery interval 300
```

## 5. 实训调试

（1）生成树信息

① S1 交换机的生成树信息。

```
S1#show spanning-tree summary

Spanning tree enabled protocol mstp
MST 0 vlans map：1-9，11-19，21-29，31-39，41-99，101-4094
    Root ID    Priority    32768
               Address     5869.6cd5.75c7
               this bridge is root
               Hello Time    2 sec   Forward Delay 15 sec   Max Age 20 sec


    Bridge ID    Priority    32768
                 Address     5869.6cd8.0035
                 Hello Time    2 sec   Forward Delay 15 sec   Max Age 20 sec


Interface        Role Sts Cost        Prio      OperEdge Type
---------------- ---- --- ---------- -------- -------- ----------------
Gi0/24           Altn BLK 20000        128        False     P2p
Gi0/23           Root FWD 20000        128        False     P2p


MST 1 vlans map：10，20，30，40，100
//实例 1 对应的 VLAN 信息
    Region Root Priority    0
               Address      5869.6cd5.75ed
               this bridge is region root
//根桥是 S4
    Bridge ID   Priority    32768
                Address     5869.6cd8.0035
//自身的优先级是默认的 32768
Interface        Role Sts Cost        Prio      OperEdge Type
---------------- ---- --- ---------- -------- -------- ----------------
Gi0/24           Root FWD 20000        128        False     P2p
//24 号端口的角色为转发
Gi0/23           Altn BLK 20000        128        False     P2p
//23 号端口成为阻塞端口
```

② S2 交换机的生成树信息。

```
S2#show spanning-tree summary


Spanning tree enabled protocol mstp
MST 0 vlans map：1-9，11-19，21-29，31-39，41-99，101-4094
    Root ID     Priority      32768
                Address       5869.6cd5.75c7
                this bridge is root
                Hello Time    2 sec   Forward Delay 15 sec   Max Age 20 sec


    Bridge ID   Priority      32768
                Address       5869.6cd8.002f
                Hello Time    2 sec   Forward Delay 15 sec   Max Age 20 sec


Interface          Role Sts Cost        Prio      OperEdge Type
---------------- ---- --- ---------- -------- -------- ----------------

Gi0/24          Altn BLK 20000         128        False      P2p
Gi0/23          Root FWD 20000         128        False      P2p


MST 1 vlans map：10，20，30，40，100
    Region Root Priority    0
                Address       5869.6cd5.75ed
                this bridge is region root


    Bridge ID   Priority      32768
                Address       5869.6cd8.002f


Interface          Role Sts Cost        Prio      OperEdge Type
---------------- ---- --- ---------- -------- -------- ----------------

Gi0/24              Root FWD 20000       128        False      P2p
Gi0/23              Altn BLK 20000       128        False      P2p
```

③ S3 交换机的生成树信息。

```
S3#show spanning-tree summary

Spanning tree enabled protocol mstp
MST 0 vlans map：1-9，11-19，21-29，31-39，41-99，101-4094
    Root ID      Priority      32768
                 Address       5869. 6cd5. 75c7
                 this bridge is root
                 Hello Time    2 sec    Forward Delay 15 sec    Max Age 20 sec

    Bridge ID    Priority      32768
                 Address       5869. 6cd5. 75c7
                 Hello Time    2 sec    Forward Delay 15 sec    Max Age 20 sec


Interface        Role Sts Cost        Prio      OperEdge Type
---------------- ---- --- ---------- -------- -------- ----------------
Ag1              Desg FWD 19000       128       False    P2p
Gi0/2            Desg FWD 20000       128       False    P2p
Gi0/1            Desg FWD 20000       128       False    P2p


MST 1 vlans map：10，20，30，40，100
    Region Root Priority     0
                 Address       5869. 6cd5. 75ed
                 this bridge is region root


    Bridge ID    Priority      4096
                 Address       5869. 6cd5. 75c7


Interface        Role Sts Cost        Prio      OperEdge Type
---------------- ---- --- ---------- -------- -------- ----------------
Ag1              Root FWD 19000       128       False    P2p
Gi0/2            Desg FWD 20000       128       False    P2p
Gi0/1            Desg FWD 20000       128       False    P2p
```

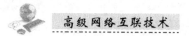 

④ S4 交换机的生成树信息。

```
S4#show spanning-tree summary


Spanning tree enabled protocol mstp
MST 0 vlans map：1-9，11-19，21-29，31-39，41-99，101-4094
    Root ID    Priority    32768
               Address     5869.6cd5.75c7
               this bridge is root
               Hello Time    2 sec    Forward Delay 15 sec    Max Age 20 sec


    Bridge ID   Priority    32768
                Address     5869.6cd5.75ed
                Hello Time    2 sec    Forward Delay 15 sec    Max Age 20 sec


Interface        Role Sts Cost        Prio      OperEdge Type
---------------- ---- --- ---------- -------- -------- ----------------
Ag1              Root FWD 19000         128       False    P2p
Gi0/2            Desg FWD 20000         128       False    P2p
Gi0/1            Desg FWD 20000         128       False    P2p


MST 1 vlans map：10，20，30，40，100
    Region Root Priority    0
                Address     5869.6cd5.75ed
                this bridge is region root


    Bridge ID   Priority    0
                Address     5869.6cd5.75ed


Interface        Role Sts Cost        Prio      OperEdge Type
---------------- ---- --- ---------- -------- -------- ----------------
Ag1              Desg FWD 19000         128       False    P2p
Gi0/2            Desg FWD 20000         128       False    P2p
Gi0/1            Desg FWD 20000         128       False    P2p
```

以上输出显示了 4 个交换机的生成树信息。可以看出，在同一个域中运行的生成树，根桥的信息是一致的。

（2）VRRP 信息查看

① S3 交换机的 VRRP 信息。

| S3#show vrrp brief | | | | | | | | |
|---|---|---|---|---|---|---|---|---|
| Interface | Grp | Pri | timer | Own | Pre | State | Master addr | Group addr |
| VLAN 10 | 10 | 120 | 3.53 | - | P | **Backup** | 192.168.10.253 | 192.168.10.254 |
| //VRRP 的角色是 Backup,因为 S3 交换机的优先级低于 S4 交换机的优先级 | | | | | | | | |
| VLAN 20 | 20 | 120 | 3.53 | - | P | Backup | 192.168.20.253 | 192.168.20.254 |
| VLAN 30 | 30 | 120 | 3.53 | - | P | Backup | 192.168.30.253 | 192.168.30.254 |
| VLAN 40 | 40 | 120 | 3.53 | - | P | Backup | 192.168.40.253 | 192.168.40.254 |
| VLAN 100 | 100 | 120 | 3.53 | - | P | Backup | 192.168.100.253 | 192.168.100.254 |

② S4 交换机的 VRRP 信息。

| S4#show vrrp brief | | | | | | | | |
|---|---|---|---|---|---|---|---|---|
| Interface | Grp | Pri | timer | Own | Pre | State | Master addr | Group addr |
| VLAN 10 | 10 | 150 | 3.41 | - | P | **Master** | 192.168.10.253 | 192.168.10.254 |
| //因为 S4 交换机的优先级高,所以它成为 Master | | | | | | | | |
| VLAN 20 | 20 | 150 | 3.41 | - | P | Master | 192.168.20.253 | 192.168.20.254 |
| VLAN 30 | 30 | 150 | 3.41 | - | P | Master | 192.168.30.253 | 192.168.30.254 |
| VLAN 40 | 40 | 150 | 3.41 | - | P | Master | 192.168.40.253 | 192.168.40.254 |
| VLAN 100 | 100 | 150 | 3.41 | - | P | Master | 192.168.100.253 | 192.168.100.254 |

# 第3章

# 访问控制列表 ACL

访问控制列表(Access Control List,ACL)是一条或多条规则的集合表,用于识别报文流。通过 ACL 可以对网络的资源进行访问权限的设置,提供网络访问的基本安全手段,也可以用于 QoS、策略路由、VPN 等业务。

## 3.1 ACL 简介

ACL 是控制网络访问的一种策略,它根据数据包包头中的信息来控制数据包到达目的地的规则。ACL 从三层数据包包头中匹配如下信息:

- 源 IP 地址。
- 目的地 IP 地址。
- ICMP 消息类型。

ACL 还可以从第 4 层报文中匹配如下信息:

- TCP/UDP 源端口。
- TCP/UDP 目的端口。

### 3.1.1 ACL 的用途

ACL 应用非常广泛,主要有以下用途:

- 根据流量类型过滤流量。
- 控制通信的流量,以提高网络性能。
- 进行路由更新的规定设置。
- 提供基本的网络访问安全性能。

### 3.1.2 ACL 类型

ACL 的类型较多,其访问控制列表的种类大致有以下几种:

- 标准 ACL。
- 扩展 ACL。
- 基于 MAC 地址的 ACL。
- 基于时间的 ACL。

#### 1. 标准 ACL

标准 ACL 最为简单,主要通过 IP 数据包中的源 IP 地址来允许或拒绝数据包。其访问控制列表号从 1 到 99。

#### 2. 扩展 ACL

扩展 ACL 比标准 ACL 具有更多的匹配项。它基于源和目的 IP 地址、传输层协议和应用端口号进行过滤。使用扩展 ACL 可以实现更加精确的流量控制,每个条件都必须匹配,才会施加允许或拒绝条件。扩展 ACL 的访问控制列表号从 100 到 199。

#### 3. 基于 MAC 地址的 ACL

基于 MAC 地址的 ACL 把数据包的匹配项目设置为二层的 MAC 地址,可以对数据包进行更加精确的控制。

#### 4. 基于时间的 ACL

基于时间的 ACL 允许设置一个时间范围,基于时间范围来设置数据流的访问规则。

### 3.1.3 ACL 工作原理

ACL 定义了一组规则,用于对进入接口的数据包、通过路由器转发的数据包,以及从路由器出站的数据包施加额外的控制。ACL 对路由器自身产生的数据包不起作用。

标准 ACL 的工作原理如图 3-1 所示。

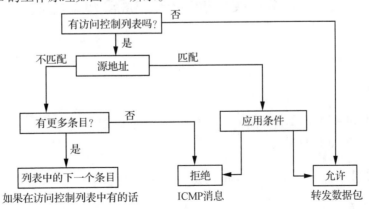

图 3-1 标准 ACL 工作原理

扩展 ACL 的工作原理如图 3-2 所示。

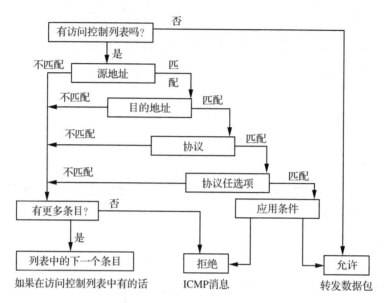

图 3-2　扩展 ACL 工作原理

ACL 表项(定义的一组规则)的处理方式是按自上而下的顺序进行检查的,并且从第一个条目开始,默认最后为 deny any,一旦匹配某一条,就停止检查后续表项。

ACL 表项一旦设置好,如果要添加新的条目,在不指定序号的情况下默认被添加到 ACL 的末尾。

ACL 在设置时,其标准 ACL 尽量设置在靠近目的设备的位置,因为标准 ACL 只匹配源 IP 地址,如果靠近源,那么会因为过早匹配导致错误拒绝。扩展 ACL 应设置在靠近源设备的位置,因为扩展 ACL 要匹配所有的规则,不会错误,所以要尽早匹配,以避免浪费网络带宽。

 3.2　实训项目一　标准 ACL 配置

* * * * * * * * * * * * * * * * * * * * * * * * * * * *

【实训目的】

- 理解标准 ACL 的工作原理。
- 掌握标准 ACL 的配置命令。

【实训拓扑图】

实训拓扑图如图 3-3 所示。

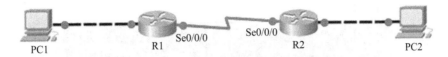

图 3-3　实训拓扑图

设备参数如表 3-1 所示。

表 3-1　设备参数

| 设备 | 接口 | IP 地址 | 子网掩码 | 默认网关 |
|---|---|---|---|---|
| R1 | Se0/0/0 | 192.168.1.1 | 255.255.255.252 | N/A |
| | Fa0/0 | 192.168.2.1 | 255.255.255.0 | N/A |
| R2 | Se0/0/0 | 192.168.1.2 | 255.255.255.252 | N/A |
| | Fa0/0 | 192.168.3.1 | 255.255.255.0 | N/A |
| PC1 | N/A | 192.168.2.2 | 255.255.255.0 | 192.168.2.1 |
| PC2 | N/A | 192.168.3.2 | 255.255.255.0 | 192.168.3.1 |

## 【实训内容】

### 1. 配置路由协议

（1）R1 路由器的基本配置

R1（config）#**ip route 192.168.3.0 255.255.255.0 serial 0/0/0**

//配置静态路由协议

（2）R2 路由器的基本配置

R2（config）#**ip route 192.168.2.0 255.255.255.0 serial 0/0/0**

静态路由协议具体格式为

Router（config-router）#**ip route** *network-address wildcard-mask next-hop*

### 2. 验证连通性

验证连通性的结果如图 3-4 所示。

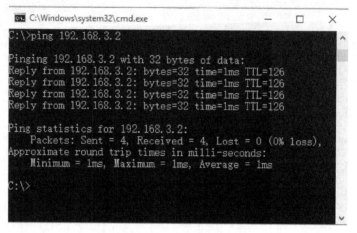

图 3-4　验证连通性

### 3. 配置标准 ACL

R2 路由器的配置。

```
R2(config)#ip access-list standard 50
//启用标准 ACL,ACL 编号为 50
R2(config-std-nacl)#deny 192.168.2.0 0.0.0.255
//禁止 192.168.2.0/24 网段访问
R2(config-std-nacl)#permit any
//允许其他任何网段访问
R2(config)#interface serial 0/0/0
R2(config-if)#ip access-group 50 in
//在 Se0/0/0 接口入方向应用 ACL
```

### 4. 验证连通性

验证连通性的结果如图 3-5 所示。

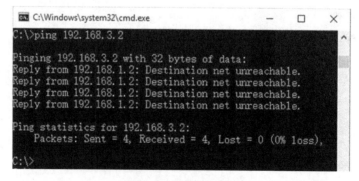

图 3-5　验证连通性

配置标准 ACL 后,PC1 无法访问 PC2。

## 3.3　实训项目二　扩展 ACL 配置

### 【实训目的】

- 理解扩展 ACL 的工作原理。
- 掌握扩展 ACL 的配置命令。
- 验证扩展 ACL 的作用。

### 【实训拓扑图】

实训拓扑图如图 3-6 所示。

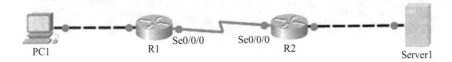

图 3-6　实训拓扑图

设备参数如表 3-2 所示。

表 3-2　设备参数

| 设备 | 接口 | IP 地址 | 子网掩码 | 默认网关 |
|------|------|---------|----------|----------|
| R1 | Se0/0/0 | 192.168.1.1 | 255.255.255.252 | N/A |
| | Fa0/0 | 192.168.2.1 | 255.255.255.0 | N/A |
| R2 | Se0/0/0 | 192.168.1.2 | 255.255.255.252 | N/A |
| | Fa0/0 | 172.16.10.254 | 255.255.255.0 | N/A |
| PC1 | N/A | 192.168.2.2 | 255.255.255.0 | 192.168.2.1 |
| Server1 | N/A | 172.16.10.1 | 255.255.255.0 | 172.16.10.254 |

### 【实训内容】

#### 1. 配置路由协议

（1）R1 路由器的基本配置

```
R1(config)#ip route 172.16.10.0 255.255.255.0 serial 0/0/0
```

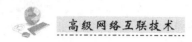

（2）R2 路由器的基本配置

```
R2(config)#ip route 192.168.2.0 255.255.255.0 serial 0/0/0
```

（3）验证连通性

验证连通性的结果如图 3-7 所示。

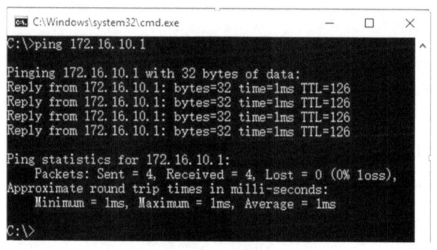

图 3-7　验证连通性

（4）验证 PC1 访问服务

① 访问 Web 服务（图 3-8）。

图 3-8　访问 Web 服务

② 访问 FTP 服务(图 3-9)。

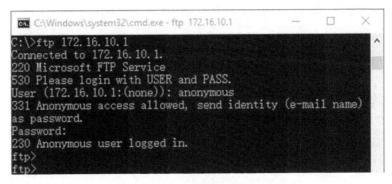

**图 3-9　访问 FTP 服务**

③ 访问 DNS 服务(图 3-10)。

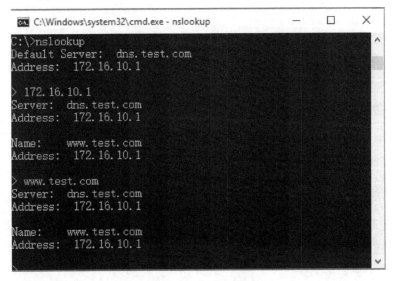

**图 3-10　访问 DNS 服务**

## 2. 配置扩展 ACL,禁用 Web 服务

(1) R1 路由器的配置

R1(config)#**ip access-list extended 100**
//启用扩展 ACL,ACL 编号为 100
R1(config-ext-nacl)#**deny tcp 192.168.2.0 0.0.0.255 172.16.10.0 0.0.0.255 eq www**
//禁止 192.168.2.0/24 网段访问
R1(config-ext-nacl)#**permit ip any any**
//允许其他任何网段访问
R2(config)#**interface serial 0/0/0**
R1(config-if)#**ip access-group 100 out**
//在 Se0/0/0 接口出方向应用 ACL

（2）验证 Web 服务

禁用 Web 服务后，无法访问 Web 服务器，如图 3-11 所示。

图 3-11　验证 Web 服务

### 3. 配置扩展 ACL，禁用 FTP 服务

（1）R1 路由器的配置

```
R1（config）#ip access-list extended 100
R1（config-ext-nacl）#deny tcp 192.168.2.0 0.0.0.255 172.16.10.0 0.0.0.255 eq 20
R1（config-ext-nacl）#deny tcp 192.168.2.0 0.0.0.255 172.16.10.0 0.0.0.255 eq 21
R1（config-ext-nacl）#permit ip any any
R2（config）#interface serial 0/0/0
R1（config-if）#ip access-group 100 out
```

（2）验证 FTP 服务

禁用 FTP 服务后，无法访问 FTP 服务器，如图 3-12 所示。

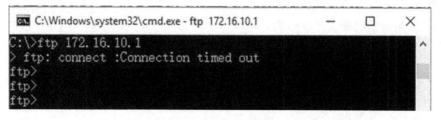

图 3-12　验证 FTP 服务

### 4. 配置扩展 ACL，禁用 DNS 服务

（1）R1 路由器的配置

R1（config）#**ip access-list extended 100**

R1（config-ext-nacl）#**deny tcp 192.168.2.0 0.0.0.255 172.16.10.0 0.0.0.255 eq 53**

R1（config-ext-nacl）#**deny udp 192.168.2.0 0.0.0.255 172.16.10.0 0.0.0.255 eq 53**

R1（config-ext-nacl）#**permit ip any any**

R2（config）#**interface serial 0/0/0**

R1（config-if）#**ip access-group 100 out**

（2）验证 DNS 服务

禁用 DNS 服务后，无法访问 DNS 服务器，如图 3-13 所示。

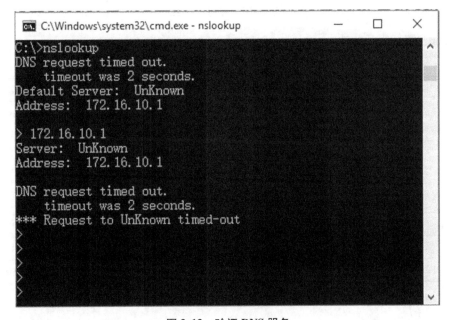

图 3-13　验证 DNS 服务

## 3.4　实训项目三　命名 ACL 配置

【实训目的】

- 掌握命名 ACL 的配置方法。

【实训拓扑图】

实训拓扑图如图 3-14 所示。

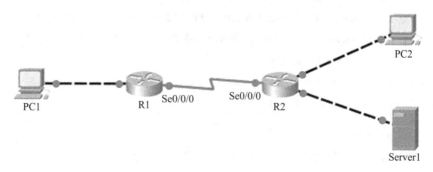

图 3-14　实训拓扑图

设备参数如表 3-3 所示。

表 3-3　设备参数

| 设备 | 接口 | IP 地址 | 子网掩码 | 默认网关 |
| --- | --- | --- | --- | --- |
| R1 | Se0/0/0 | 192.168.1.1 | 255.255.255.252 | N/A |
| | Fa0/0 | 192.168.2.1 | 255.255.3255.0 | N/A |
| R2 | Se0/0/0 | 192.168.1.2 | 255.255.255.252 | N/A |
| | Fa0/0 | 172.16.10.254 | 255.255.255.0 | N/A |
| | Fa0/1 | 192.168.3.1 | 255.255.255.0 | N/A |
| PC1 | N/A | 192.168.2.2 | 255.255.255.0 | 192.168.2.1 |
| PC2 | N/A | 192.168.3.2 | 255.255.255.0 | 192.168.3.1 |
| Server1 | N/A | 172.16.10.1 | 255.255.255.0 | 172.16.10.254 |

【实训内容】

### 1. 配置路由协议

（1）R1 路由器的基本配置

```
R1(config)#ip route 192.168.3.0 255.255.255.0 serial 0/0/0
R1(config)#ip route 172.16.10.0 255.255.255.0 serial 0/0/0
```

（2）R2 路由器的基本配置

```
R2(config)#ip route 192.168.2.0 255.255.255.0 serial 0/0/0
```

2. 验证连通性

（1）PC1 ping PC2（图 3-15）

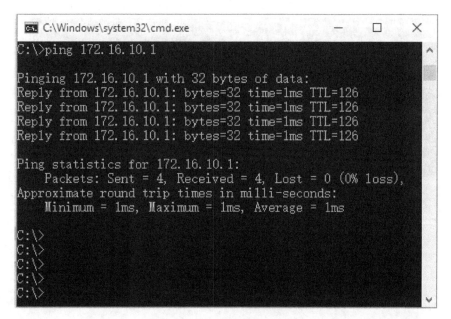

```
C:\Windows\system32\cmd.exe                    —    □    ×

C:\>ping 192.168.3.2

Pinging 192.168.3.2 with 32 bytes of data:
Reply from 192.168.3.2: bytes=32 time=1ms TTL=126
Reply from 192.168.3.2: bytes=32 time=1ms TTL=126
Reply from 192.168.3.2: bytes=32 time=1ms TTL=126
Reply from 192.168.3.2: bytes=32 time=1ms TTL=126

Ping statistics for 192.168.3.2:
    Packets: Sent = 4, Received = 4, Lost = 0 (0% loss),
Approximate round trip times in milli-seconds:
    Minimum = 1ms, Maximum = 1ms, Average = 1ms

C:\>
```

图 3-15　PC1 ping PC2

（2）PC1 ping Server1（图 3-16）

```
C:\Windows\system32\cmd.exe                    —    □    ×
C:\>ping 172.16.10.1

Pinging 172.16.10.1 with 32 bytes of data:
Reply from 172.16.10.1: bytes=32 time=1ms TTL=126
Reply from 172.16.10.1: bytes=32 time=1ms TTL=126
Reply from 172.16.10.1: bytes=32 time=1ms TTL=126
Reply from 172.16.10.1: bytes=32 time=1ms TTL=126

Ping statistics for 172.16.10.1:
    Packets: Sent = 4, Received = 4, Lost = 0 (0% loss),
Approximate round trip times in milli-seconds:
    Minimum = 1ms, Maximum = 1ms, Average = 1ms

C:\>
C:\>
C:\>
C:\>
C:\>
```

图 3-16　PC1 ping Server1

**3. 验证 PC1 访问服务**

（1）访问 Web 服务（图 3-17）

**图 3-17  访问 Web 服务**

（2）访问 FTP 服务（图 3-18）

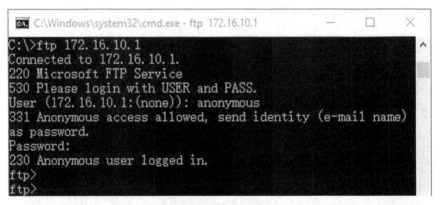

**图 3-18  访问 FTP 服务**

（3）访问 DNS 服务（图 3-19）

图 3-19　访问 DNS 服务

#### 4. R2 路由器上配置命名标准 ACL

R2（config）#**ip access-list standard ACL**

//启用命名 ACL 名为 ACL

R2（config-std-nacl）#**deny 172.16.2.0 0.0.0.255**

R2（config-std-nacl）#**permit any**

R2（config）#**interface fastEthernet 0/1**

R2（config-if）#**ip access-group ACL out**

#### 5. 验证连通性

验证连通性的结果如图 3-20 所示。

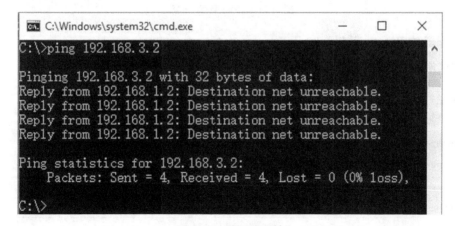

图 3-20　验证连通性

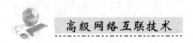

### 6. R1 路由器上配置扩展 ACL,禁用 Web 服务

（1）R1 路由器的配置

```
R1(config)#ip access-list extended web
//启用扩展 ACL,ACL 编号为 web
R1(config-ext-nacl)#deny tcp 192.168.2.0 0.0.0.255 172.16.10.0 0.0.0.255 eq www
//禁止 192.168.2.0/24 访问
R1(config-ext-nacl)#permit ip any any
//允许其他任何网段访问
R2(config)#interface serial 0/0/0
R1(config-if)#ip access-group web out
//在 Se0/0/0 接口出方向应用 ACL
```

（2）验证 Web 服务

禁用 Web 服务后,无法访问 Web 服务器,如图 3-21 所示。

图 3-21　验证 Web 服务

### 7. 配置扩展 ACL,禁用 FTP 服务

（1）R1 路由器的配置

```
R1(config)#ip access-list extended ftp
R1(config-ext-nacl)#deny tcp 192.168.2.0 0.0.0.255 172.16.10.0 0.0.0.255 eq 20
R1(config-ext-nacl)#deny tcp 192.168.2.0 0.0.0.255 172.16.10.0 0.0.0.255 eq 21
R1(config-ext-nacl)#permit ip any any
R2(config)#interface serial 0/0/0
R1(config-if)#ip access-group ftp out
```

（2）验证 FTP 服务

禁用 FTP 服务后,无法访问 FTP 服务器,如图 3-22 所示。

```
C:\Windows\system32\cmd.exe - ftp 172.16.10.1          —    □    ×

C:\>ftp 172.16.10.1
> ftp: connect :Connection timed out
ftp>
ftp>
ftp>
```

图 3-22　验证 FTP 服务

### 8. 配置扩展 ACL,禁用 DNS 服务

（1）R1 路由器的配置

R1（config）#**ip access-list extended dns**

R1（config-ext-nacl）#**deny tcp 192.168.2.0 0.0.0.255 172.16.10.0 0.0.0.255 eq 53**

R1（config-ext-nacl）#**deny udp 192.168.2.0 0.0.0.255 172.16.10.0 0.0.0.255 eq 53**

R1（config-ext-nacl）#**permit ip any any**

R2（config）#**interface serial 0/0/0**

R1（config-if）#**ip access-group dns out**

（2）验证 DNS 服务（图 3-23）

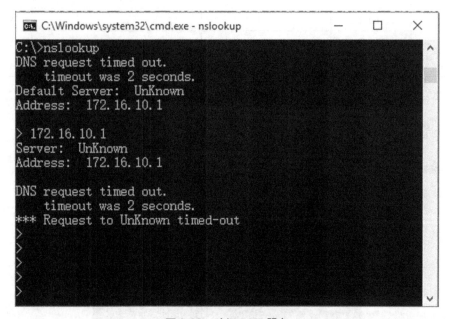

图 3-23　验证 DNS 服务

## 3.5 实训项目四 基于 MAC 地址的 ACL 配置

\* \* \* \* \* \* \* \* \* \* \* \* \* \* \* \* \* \* \* \* \* \* \* \* \* \* \* \* \*

【实训目的】

- 掌握基于 MAC 地址的标准 ACL 的配置方法。

【实训拓扑图】

实训拓扑图如图 3-24 所示。

PC1　　　　　　　　S1　　　　　　　PC2
C860.005A.393A

**图 3-24 实训拓扑图**

设备参数如表 3-4 所示。

**表 3-4 设备参数**

| 设备 | 接口 | IP 地址 | 子网掩码 | 默认网关 |
| --- | --- | --- | --- | --- |
| S1 | Fa0/1 | N/A | N/A | N/A |
| | Fa0/2 | N/A | N/A | N/A |
| PC1 | N/A | 192.168.3.1 | 255.255.255.0 | N/A |
| PC2 | N/A | 192.168.3.2 | 255.255.255.0 | N/A |

【实训内容】

### 1. 验证连通性

验证连通性的结果如图 3-25 所示。

```
C:\Windows\system32\cmd.exe                    —    □    ×

C:\>ping 192.168.3.2

Pinging 192.168.3.2 with 32 bytes of data:
Reply from 192.168.3.2: bytes=32 time<1ms TTL=128
Reply from 192.168.3.2: bytes=32 time<1ms TTL=128
Reply from 192.168.3.2: bytes=32 time<1ms TTL=128
Reply from 192.168.3.2: bytes=32 time<1ms TTL=128

Ping statistics for 192.168.3.2:
    Packets: Sent = 4, Received = 4, Lost = 0 (0% loss),
Approximate round trip times in milli-seconds:
    Minimum = 0ms, Maximum = 0ms, Average = 0ms

C:\>
C:\>
C:\>
C:\>
C:\>
```

**图 3-25 验证连通性**

**2. 配置基于 MAC 地址的 ACL**

S1(config)#**mac access-list extended mac**

//创建一个基于 MAC 地址的 ACL,名为 mac

S1(config-ext-macl)#**deny host c860. 005a. 393a any**

//禁止 mac 地址为 c860.005a. 393a any 的主机访问任何网段

S1(config-ext-macl)#**permit any any**

S1(config)#**interface fastEthernet 0/2**

S1(config-if)#**mac access-group mac in**

//在 Fa0/2 端口的入方向应用基于 MAC 地址的 ACL

**3. 验证连通性**

验证连通性的结果如图 3-26 所示。

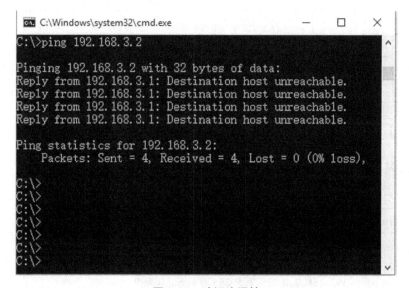

图 3-26　验证连通性

 **3.6　实训项目五　基于时间的 ACL 配置**

【实训目的】

- 掌握基于时间 ACL 的配置方法。
- 验证基于时间 ACL 的作用。

## 【实训拓扑图】

实训拓扑图如图 3-27 所示。

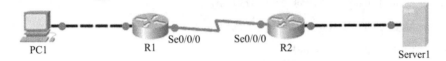

图 3-27　实训拓扑图

设备参数如表 3-5 所示。

表 3-5　设备参数

| 设备 | 接口 | IP 地址 | 子网掩码 | 默认网关 |
|---|---|---|---|---|
| R1 | Se0/0/0 | 192.168.1.1 | 255.255.255.252 | N/A |
| | Fa0/0 | 192.168.2.1 | 255.255.255.0 | N/A |
| R2 | Se0/0/0 | 192.168.1.2 | 255.255.255.252 | N/A |
| | Fa0/0 | 172.16.10.254 | 255.255.255.0 | N/A |
| Server1 | N/A | 172.16.10.1 | 255.255.255.0 | 172.16.10.254 |

## 【实训内容】

### 1. 配置路由协议

（1）R1 路由器的基本配置

R1（config）#**ip route 172.16.10.0 255.255.255.0 serial 0/0/0**

（2）R2 路由器的基本配置

R2（config）#**ip route 192.168.2.0 255.255.255.0 serial 0/0/0**

### 2. 基于时间的 ACL 定义时间段

R1（config）#**time-range worktime**

//定义时间段,名为 worktime

R1（config-time-range）#**periodic weekdays 9:00 to 21:00**

//时间段为工作日的 9:00 到 21:00

### 3. 配置基于时间的扩展 ACL,禁用 Web 服务

R1(config)#**ip access-list extended 100**

//启用扩展 ACL,ACL 编号为 100

R1(config-ext-nacl)#**deny tcp 192.168.2.0 0.0.0.255 172.16.10.0 0.0.0.255 eq www time-range worktime**

//禁止 192.168.2.0/24 访问

R1(config-ext-nacl)#**permit ip any any**

//允许其他任何网段访问

R2(config)#**interface serial 0/0/0**

R1(config-if)#**ip access-group 100 out**

//在 Se0/0/0 接口出方向应用 ACL

### 4. 配置基于时间的扩展 ACL,禁用 FTP 服务

R1(config)#**ip access-list extended 101**

R1(config-ext-nacl)#**deny tcp 192.168.2.0 0.0.0.255 172.16.10.0 0.0.0.255 eq 20 time-range worktime**

R1(config-ext-nacl)#**deny tcp 192.168.2.0 0.0.0.255 172.16.10.0 0.0.0.255 eq 21 time-range worktime**

R1(config-ext-nacl)#**permit ip any any**

### 5. 配置基于时间的扩展 ACL,禁用 DNS 服务

R1(config)#**ip access-list extended 102**

R1(config-ext-nacl)#**deny tcp 192.168.2.0 0.0.0.255 172.16.10.0 0.0.0.255 eq 53 time-range worktime**

R1(config-ext-nacl)#**deny udp 192.168.2.0 0.0.0.255 172.16.10.0 0.0.0.255 eq 53 time-range worktime**

R1(config-ext-nacl)#**permit ip any any**

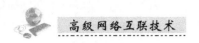

# 第4章

# 动态主机配置协议 DHCP

动态主机配置协议 DHCPv4,简称 DHCP(Dynamic Host Configuration Protocol),是用于网络设备部署配置 IP 地址信息的协议。随着因特网的大规模发展,IP 地址的需求日益增长,IPv4 地址也即将耗尽。将 DHCP 协议引入网络及移动设备的 IP 地址分配,能够缓解 IP 地址短缺的问题。

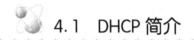

## 4.1 DHCP 简介

网络设备及移动设备的使用都需要安排 IP 地址。网络管理员如果要给所有的设备安排 IP 地址,将会面临巨大的工作量。DHCP 是为客户动态分配 IP 地址的协议。服务器能够从预先设定好的 IP 地址池(address pool)里自动给主机分配 IP 地址。服务器能够保证网络上分配的 IP 地址不重复,也能及时回收 IP 地址,提高 IP 地址的利用率。

### 4.1.1 DHCP 的特点

DHCP 采用客户端/服务器的通信模式,由客户端向服务器提出请求分配网络配置参数的申请,服务器返回为客户端分配的 IP 地址等配置信息,以实现 IP 地址等信息的动态配置。针对客户端的不同需求,DHCP 提供三种 IP 地址分配策略。

(1) 手工分配地址

由管理员为少数特定客户端(如 WWW 服务器、打印机等)静态绑定固定的 IP 地址,通过 DHCP 将配置的固定 IP 地址分配给客户端。

(2) 自动分配地址

DHCP 为客户端分配租期为无限期的 IP 地址。

(3) 动态分配地址

DHCP 为客户端分配具有一定有效期限的 IP 地址。到达使用期限后,客户端需要重新申请地址,否则服务器将收回该 IP 地址。

## 4.1.2　DHCP 的工作原理

DHCP 在客户端/服务器模式下工作。当客户端与服务器通信时,服务器会将 IP 地址分配或出租给该客户端。然后客户端可以使用该 IP 地址连接到网络,直到租期满为止,客户端还需定期联系 DHCP 服务器续租。租期满后,DHCP 服务器将会收回地址,即返回地址池,可以将其再次分配。

### 1. 发起租期

当客户端启动时,它开始发送报文获取租约,如图 4-1 所示,DHCP 客户端(DHCP Client)从 DHCP 服务器(DHCP Server)获取 IP 地址主要经历四个阶段。

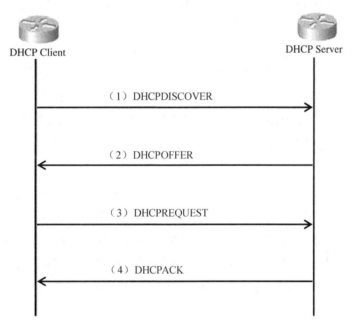

图 4-1　IP 地址动态获取过程

(1) DHCP 发现(DHCPDISCOVER)

需要 IP 地址的主机在启动时就向 DHCP 服务器发送发现报文(DHCPDISCOVER),由于客户端启动时没有有效的 IP 地址,因此,它使用第 2 层和第 3 层的广播地址发送。

(2) DHCP 提议(DHCPOFFER)

DHCP 服务器收到 DHCPDISCOVER 消息时,先在其数据库中查找该计算机的配置信息。若找到,则返回找到的信息;若找不到,则从服务器的 IP 地址池中取一个地址分配给该计算机(在分配之前 DHCP 服务器会发送一个 ARP 广播。该条目包含客户端的 MAC 地址和客户端的租用 IP 地址,查看网内是否有人已经用了此 IP 地址)。DHCPOFFER 消息以服务器的第 2 层 MAC 地址为源地址,以客户端的第 2 层 MAC 地址为目的地址作为单播发送。

（3）DHCP 请求（DHCPREQUEST）

客户端从服务器收到 DHCPOFFER 时，会发回一条 DHCPREQUEST 消息。此消息用于发起租用和租约更新。许多企业内部可能有多台 DHCP 服务器。DHCPREQUEST 消息以广播的方式发送，并且包含服务器标识信息，发送给所有的 DHCP 服务器。

（4）DHCP 确认（DHCPACK）

收到 DHCPREQUEST 消息后，服务器为客户创建 ARP 条目，并以单播 DHCPACK 消息作为回复。客户收到 DHCPACK 消息后，记录配置信息，并为所分配的地址执行 ARP 确认广播。如果没有收到应答，客户端就知道该地址是有效的，并使用该地址连接网络。

DHCP 服务确保网络中的每个主机 IP 地址是唯一的。通过 DHCP，网络管理员可以轻松地配置客户的 IP 地址，而不需要手动对客户进行修改。

## 2. 重新登录

DHCP 客户端在重新登录时会发送一个 DHCPREQUEST 消息。该消息中包含客户端所分配到的 IP 地址信息。当 DHCP 服务器收到这一消息后，它会尝试让 DHCP 客户端继续使用原来的 IP 地址，并回答一个 DHCPACK 消息。如果该 IP 已经无法再次分配给原来的 DHCP 客户端，则 DHCP 服务器会给 DHCP 客户端回答一个 DHCPNACK 消息。客户端收到此消息后需重新发起新的租期。

## 3. 租约更新

DHCP 提供的 DHCP 信息通常是有一个租期的。租期满后 DHCP 服务器就会收回所分配的 IP 地址。DHCP 客户端如果需要延长 IP 租约，则必须更新 IP 租约。租期过半，DHCP 客户端就会向服务器发送租约信息。如果 DHCP 服务器应答，DHCP 客户端就可以延长租期；如果 DHCP 服务器没有应答，则到达租期 87.5% 时，DHCP 客户端会与其他的 DHCP 服务器通信，并请求更新配置信息。客户端如不能和其他服务器联系，则重新开始新一轮的租约申请。

## 4. DHCP 中继代理

并不是每个网络上都有 DHCP 服务器，否则会使 DHCP 服务器的数量过多。现在是每一个网络至少有一个 DHCP 中继代理，它配置了 DHCP 服务器的 IP 地址信息。

DHCP 中继代理收到主机发送的发现报文后，就以单播方式向 DHCP 服务器转发此报文，并等待其回答。收到 DHCP 服务器回答的提供报文后，DHCP 中继代理再将此提供报文发回给主机。DHCP 中继代理的工作原理如图 4-2 所示。

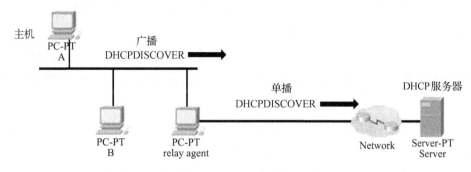

图 4-2   DHCP 中继代理工作原理

## 4.1.3   DHCP 消息格式

DHCP 有 8 种类型的报文。每种报文的格式基本相同,只是某些字段的取值不同。DHCP 的报文格式如图 4-3 所示。

| 0 | 8 | 18 | 31 |
|---|---|---|---|
| 操作代码 | 硬件类型 | 硬件地址长度 | 跳数 |
| 事物标识符 | | | |
| 秒数 | | 标志 | |
| 客户端 IP 地址 | | | |
| 你的 IP 地址 | | | |
| 服务器 IP 地址 | | | |
| 网关 IP 地址 | | | |
| 客户端硬件地址(16 字节) | | | |
| 服务器名称(64 字节) | | | |
| 启动文件名(128 字节) | | | |
| DHCP 选项(变量) | | | |

图 4-3   DHCP 报文格式

各字段的含义如下。

● 操作代码:报文的操作类型,分为请求报文和响应报文。1 代表请求报文;2 代表响应报文。具体的报文类型在 options 字段中标识。

● 硬件类型:DHCP 客户端的硬件地址类型。

● 硬件地址长度:指明硬件地址的长度。

● 跳数:DHCP 报文经过的 DHCP 中继的数目。DHCP 请求报文每经过一个 DHCP 中继,该字段就会增加 1。

● 事物标识符:客户端发起一次请求时选择的随机数,用来标识一次地址请求过程。

- 秒数:DHCP 客户端开始 DHCP 请求后所经过的时间,目前没有使用,固定为0。
- 标志:第一个比特为广播响应标识位,用来标示 DHCP 服务器响应报文是采用单播还是广播方式发送,0 表示采用单播方式,1 表示采用广播方式,其余比特保留不用。
- 客户端 IP 地址:DHCP 客户端的 IP 地址。如果客户端有合法和可用的 IP 地址,则该IP 地址被添加到此字段,否则字段设置为0。此字段不用于客户端申请某个特定的 IP 地址。
- 你的 IP 地址:DHCP 服务器分配给客户端的 IP 地址。
- 服务器 IP 地址:DHCP 客户端获取启动配置信息的服务器 IP 地址。
- 网关 IP 地址:DHCP 客户端发出请求报文后经过的第一个 DHCP 中继的 IP 地址。
- 客户端硬件地址:DHCP 客户端的硬件地址。
- 服务器名称:DHCP 客户端获取启动配置信息的服务器名称。
- 启动文件名:DHCP 服务器为 DHCP 客户端指定的启动配置文件名称及路径信息。
- DHCP 选项:可选变长选项字段,包含报文的类型、有效租期、DNS 服务器的 IP 地址、WINS 服务器的 IP 地址等配置信息。

##  4.2 实训项目一 DHCP 服务器配置

**【实训目的】**

- 掌握部署 DHCP 服务器的方法。
- 熟悉部署 DHCP 服务器的配置命令。

**【实训拓扑图】**

实训拓扑图如图4-4 所示。

图4-4 实训拓扑图

设备参数如表4-1 所示。

表4-1 设备参数

| 设备 | 接口 | IP 地址 | 子网掩码 | 默认网关 |
| --- | --- | --- | --- | --- |
| DHCPSERVER | Fa0/0 | 192.168.10.1 | 255.255.255.0 | N/A |

## 【实训内容】

### 1. 配置 DHCP 服务器

DHCPSERVER 的基本配置。

DHCPSERVER(config)#**ip dhcp pool dhcp**

//配置名为 dhcp 的 dhcp 地址池

DHCPSERVER(dhcp-config)#**network 192.168.10.0 255.255.255.0**

//定义 dhcp 地址池网段

DHCPSERVER(dhcp-config)#**default-router 192.168.10.1**

//定义 dhcp 地址池的网关

DHCPSERVER(dhcp-config)#**dns-server 8.8.8.8**

//定义 dhcp 地址池的 dns 服务器

DHCPSERVER(dhcp-config)#**domain-name dhcptest**

//配置域名

DHCPSERVER(dhcp-config)#**lease 10**

//设置 DHCP 地址分配的租期是 10 天

### 2. PC1 获取测试

（1）PC1 获取 IP 地址(图 4-5)

**图 4-5　PC1 获取 IP 地址**

（2）Wireshark 抓包测试

① Discover 包如图 4-6 所示。

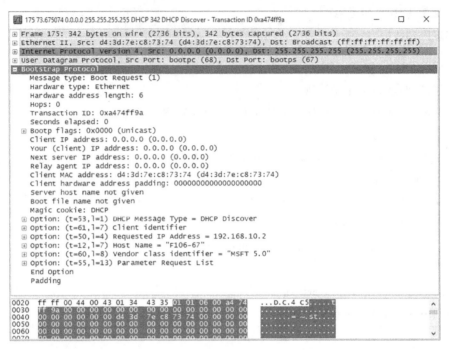

图 4-6　Discover 包

② Offer 包如图 4-7 所示。

图 4-7　Offer 包

③ Request 包如图 4-8 所示。

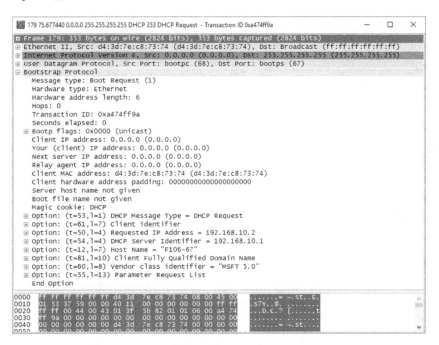

图 4-8　Request 包

④ Ack 包如图 4-9 所示。

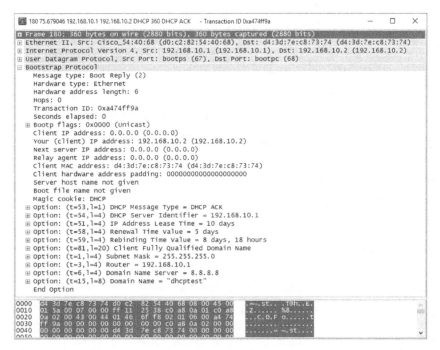

图 4-9　Ack 包

四个 DHCP 的报文验证了 DHCP 的过程。

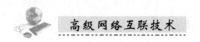

### 3. 查看 DHCPSERVER 信息

```
DHCPSERVER#show ip dhcp pool


Pool DHCP :
Utilization mark (high/low)      : 100 / 0
Subnet size (first/next)         : 0 / 0
Total addresses                  : 254
//地址池中共有 254 个地址
Leased addresses                 : 1
//已分配地址 1 个
Pending event                    : none
1 subnet is currently in the pool :
//当前地址池中有 1 个子网
Current index        IP address range                    Leased addresses
192.168.10.3         192.168.10.1    - 192.168.10.254     1
//下一个要分配的地址索引、地址池范围及分配的地址个数


DHCPSERVER#show ip dhcp binding
//该命令查看 IP 地址的绑定情况
Bindings from all pools not associated with VRF:
IP address           Client-ID/              Lease expiration      Type
                     Hardware address/
                     User name
192.168.10.2         012c.44fd.7f6c.56       May 17 2017 12:15 AM      Automatic
//以上输出显示 DHCP 客户获得了 IP 地址 192.168.10.2


DHCPSERVER#show ip dhcp server statistics
//查看 DHCP 服务器的统计信息
Memory usage         24108
//共使用内存 24108KB
Address pools        1
//地址池数量 1 个
Database agents      0
Automatic bindings   1
//自动绑定数量 1 个
```

```
Manual bindings          0

Expired bindings         0

Malformed messages       0

Secure arp entries       0


Message              Received
BOOTREQUEST              0
DHCPDISCOVER             9
//DHCP 发现报文收到 9 个
DHCPREQUEST              6
//DHCP 请求报文收到 6 个
DHCPDECLINE              0
DHCPRELEASE              5
//DHCP 地址释放请求信息 5 个
DHCPINFORM               0


Message              Sent
BOOTREPLY                0
DHCPOFFER                8
//DHCP 提供报文收到 8 个
DHCPACK                  6
//DHCP 应答报文收到 8 个
DHCPNAK                  0
```

### 4. DHCP 排除地址配置

```
DHCPSERVER（config）#ip dhcp excluded-address 192.168.10.1 192.168.10.100
//排除 DHCP 地址池的前 100 个地址
```

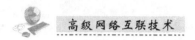
高级网络互联技术

如图 4-10 所示,DHCP 服务器排除地址之后,PC 获得的地址从 192.168.10.100 开始分配。

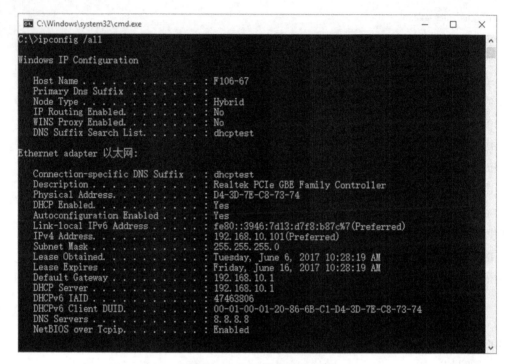

图 4-10　DHCP 排除地址配置

##  4.3　实训项目二　DHCP 中继配置

\* \* \* \* \* \* \* \* \* \* \* \* \* \* \* \* \* \* \* \* \* \* \* \* \* \* \* \* \* \* \*

【实训目的】

- 掌握 DHCP 服务器的部署策略。
- 熟悉 DHCP 中继的配置方法。

【实训拓扑图】

实训拓扑图如图 4-11 所示。

图 4-11 实训拓扑图

设备参数如表 4-2 所示。

表 4-2 设备参数

| 设备 | 接口 | IP 地址 | 子网掩码 | 默认网关 |
|---|---|---|---|---|
| DHCPSERVER | Fa0/0 | 192.168.10.1 | 255.255.255.0 | N/A |
| R2 | Fa0/0 | 192.168.10.2 | 255.255.255.0 | N/A |
| | Fa0/1 | 192.168.20.1 | 255.255.255.0 | N/A |

## 【实训内容】

### 1. 配置 DHCP 服务器

DHCPSERVER 的基本配置。

```
DHCPSERVER(config)#ip route 0.0.0.0 0.0.0.0 192.168.10.2
//配置服务器出口路由
DHCPSERVER(config)#ip dhcp pool dhcp
DHCPSERVER(dhcp-config)#network 192.168.20.0 255.255.255.0
DHCPSERVER(dhcp-config)#default-router 192.168.20.1
DHCPSERVER(dhcp-config)#domain-name cisco.com
DHCPSERVER(dhcp-config)#dns-server 8.8.8.8
DHCPSERVER(dhcp-config)#lease infinite
//设置租期为无限期
```

### 2. 配置 DHCP 中继

```
R2(config)#interface fastEthernet 0/1
R2(config-if)#ip helper-address 192.168.10.1
R2(config-if)#no shutdown
R2#debug ip dhcp server packet
//设置 DHCP 中继,192.168.10.1 为该服务器的地址
```

### 3. PC1 获取 IP 地址测试

PC1 获取 IP 地址测试结果如图 4-12 所示。

图 4-12　PC1 获取 IP 地址测试结果

### 4. 查看 DHCP 调试信息

R2#

\* Jun　6 02:28:52.211: DHCPD: setting giaddr to 192.168.20.1.

\* Jun　6 02:28:52.211: DHCPD: BOOTREQUEST from 01d4.3d7e.c873.74 forwarded to 192. 168.10.1.

\* Jun　6 02:28:54.211: DHCPD: forwarding BOOTREPLY to client d43d.7ec8.7374.

\* Jun　6 02:28:54.211: DHCPD: ARP entry exists (192.168.20.2, d43d.7ec8.7374).

\* Jun　6 02:28:54.211: DHCPD: unicasting BOOTREPLY to client d43d.7ec8.7374 (192.168. 20.2).

**\* Jun　6 02:28:54.211: DHCPD: Finding a relay for client 01d4.3d7e.c873.74 on interface FastEthernet0/1.**

**\* Jun　6 02:28:54.211: DHCPD: setting giaddr to 192.168.20.1.**

\* Jun　6 02:28:54.211: DHCPD: BOOTREQUEST from 01d4.3d7e.c873.74 forwarded to 192. 168.10.1.

\* Jun　6 02:28:54.215: DHCPD: forwarding BOOTREPLY to client d43d.7ec8.7374.

\* Jun　6 02:28:54.215: DHCPD: ARP entry exists (192.168.20.2, d43d.7ec8.7374).

\* Jun　6 02:28:54.215: DHCPD: unicasting BOOTREPLY to client d43d.7ec8.7374 (192.168. 20.2).

//以上输出显示 DHCP relay agent 的地址是 192.168.20.1

### 5. 查看 DHCPSERVER 信息

DHCPSERVER#**show ip dhcp binding**

Bindings from all pools not associated with VRF:

| IP address | Client-ID/<br>Hardware address/<br>User name | Lease expiration | Type |
|---|---|---|---|
| 192.168.20.2 | 01d4.3d7e.c873.74 | Infinite | Automatic |

//以上显示了客户端的 IP 地址信息

 ## 4.4  实训项目三  DHCP Snooping 配置

\* \* \* \* \* \* \* \* \* \* \* \* \* \* \* \* \* \* \* \* \* \* \* \* \* \* \* \* \* \*

## 【实训目的】

- 理解 DHCP Snooping 的使用环境。
- 掌握 DHCP Snooping 的配置方法。

## 【实训拓扑图】

实训拓扑图如图 4-13 所示。

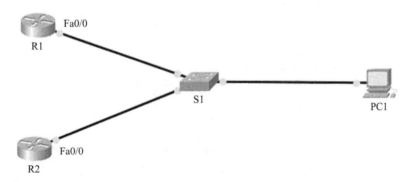

图 4-13  实训拓扑图

设备参数如表 4-3 所示。

表 4-3  设备参数

| 设备 | 接口 | IP 地址 | 子网掩码 | 默认网关 |
|---|---|---|---|---|
| R1 | Fa0/0 | 192.168.10.1 | 255.255.255.0 | N/A |
| R2 | Fa0/0 | 192.168.20.1 | 255.255.255.0 | N/A |

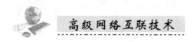

高级网络互联技术

## 【实训内容】

### 1. 配置 DHCP 服务器

（1）R1 路由器的基本配置

```
R1(config)#ip dhcp pool dhcp1
R1(dhcp-config)#network 192.168.10.0 255.255.255.0
R1(dhcp-config)#default-router 192.168.10.1
R1(dhcp-config)#dns-server 8.8.8.8
R1(dhcp-config)#domain-name cisco.com
R1(dhcp-config)#lease infinite
```

（2）R2 路由器的基本配置

```
R2(config)#ip dhcp pool dhcp2
R2(dhcp-config)#network 192.168.20.0 255.255.255.0
R2(dhcp-config)#default-router 192.168.20.1
R2(dhcp-config)#dns-server 8.8.8.8
R2(dhcp-config)#domain-name cisco
R2(dhcp-config)#lease infinite
```

### 2. PC1 测试 DHCP 服务器

（1）R1 路由器作为 DHCP 服务器提供地址情况

PC1 可以获取 R1 路由器提供的 IP 地址，如图 4-14 所示。

图 4-14　自动获取 R1 路由器提供的 IP 地址

（2）R2 路由器作为 DHCP 服务器提供地址情况

PC1 可以获取 R2 路由器提供的 IP 地址，如图 4-15 所示。

图 4-15　自动获取 R2 路由器提供的 IP 地址

## 3. 配置 DHCP Snooping

S1 交换机的基本配置。

```
S1（config）#ip dhcp snooping
//打开 S1 的 DHCP 监听功能
S1（config）#ip dhcp snooping vlan 1
//配置 S1 监听 VLAN1 的 DHCP 数据包
S1（config）#no ip dhcp snooping information option
//禁止交换机 S1 在 DHCP 报文中插入 option 82，option 82 是 DHCP 中继代理
S1（config）#interface fastEthernet 0/1
S1（config）#switchport mode access
S1（config-if）#ip dhcp snooping trust
//配置 DHCP Snooping，设置 Fa0/1 为信任端口，R1 为合法 DHCP 服务器
```

## 4. PC1 获取 IP 地址测试

PC1 只能获取 R1 路由器作为 DHCP 服务器提供的 IP 地址，如图 4-16 所示。

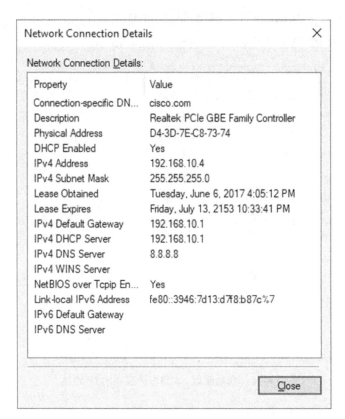

图 4-16　PC1 获取 IP 地址测试

### 5. 查看 DHCP 服务器 R1 路由器信息

（1）查看 DHCP 监听信息

```
S1#show ip dhcp snooping

Switch DHCP snooping is enabled

DHCP snooping is configured on following VLANs:

1

//DHCP 配置监听的 VLAN

DHCP snooping is operational on following VLANs:

1

//DHCP 实际监听的 VLAN

Smartlog is configured on following VLANs:

none

Smartlog is operational on following VLANs:

none
```

```
DHCP snooping is configured on the following L3 Interfaces:


Insertion of option 82 is disabled
    circuit-id default format: vlan-mod-port
    remote-id: 2037.06dc.6000 ( MAC)
Option 82 on untrusted port is not allowed
Verification of hwaddr field is enabled
Verification of giaddr field is enabled
DHCP snooping trust/rate is configured on the following Interfaces:


Interface                   Trusted     Allow option     Rate limit ( pps)
-----------------------     -------     ------------     ----------------
FastEthernet0/1             yes         yes              unlimited
    Custom circuit-ids:
```
//Fa0/1 是信任接口,接口的 DHCP 报文无数量限制

（2）查看 DHCP snooping 绑定信息

```
S1#show ip dhcp snooping binding
MacAddress           IpAddress         Lease( sec)   Type                   VLAN    Interface
------------------   ---------------   ------------  ----  --------------------
D4:3D:7E:C8:73:74    192.168.10.4      infinite      dhcp-snooping          1       FastEthernet0/23
C8:5B:76:AF:B1:22    192.168.10.5      infinite      dhcp-snooping          1       FastEthernet0/23
Total number of bindings: 2
```

以上输出的各字段含义如下。

- MacAddress:DHCP 客户的 MAC 地址。

- IpAddress:DHCP 客户的 IP 地址。

- Lease(sec):IP 地址的租约时间。

- Type:记录类型,dhcp-snooping 说明该地址信息是动态生成的记录。

- VLAN:VLAN 的编号。

- Interface:接入接口。

# 第5章

# 网络地址转换 NAT

网络地址转换（Network Address Translation，NAT）是一个 IETF（The Internet Engineering Task Force）标准，是将 IP 数据报文头中的 IP 地址转换为另一个 IP 地址的过程。IP 地址的日益短缺是 NAT 技术提出的背景。一个局域网内部有很多台主机，但不是每台主机都有合法的 IP 地址。想要使所有内部主机都可以连接因特网，需要使用地址转换。NAT 技术使得一个私有网络可以通过 Internet 注册 IP 连接到外部网络。

## 5.1 NAT 简介

在实际应用中，共有的 IP 地址不足以为每台设备都安排一个地址连接到 Internet。局域网的内部通常使用 RFC1918 定义的私有 IP 地址。表 5-1 显示了私有 IP 地址的范围。

表 5-1　私有 IP 地址范围

| 网络类别 | 起始 | 结束 |
| --- | --- | --- |
| A | 10.0.0.0 | 10.255.255.255 |
| B | 172.16.0.0 | 172.31.255.255 |
| C | 192.168.0.0 | 192.168.255.255 |

NAT 主要应用在连接两个网络的边缘设备上，用于实现内部网络用户访问外部公共网络，以及外部公共网络访问部分内部网络资源（例如内部服务器）的目的。NAT 最初的设计目的是实现私有网络访问公共网络的功能，后扩展为实现任意两个网络间进行访问时的地址转换应用。地址转换技术也可以应用到防火墙技术里，可以有效地隐藏内部局域网中的主机，具有一定的网络安全保护作用。

### 5.1.1 NAT 技术的特点

NAT 技术主要具有以下特点：

① 私有网络内部的通信利用私网地址。如果私有网络需要与外部网络通信或访问外部资源,则可通过将大量的私网地址转换成少量的公网地址来实现,这在一定程度上缓解了 IPv4 地址空间日益枯竭的压力。

② 地址转换可以利用端口信息,通过同时转换公网地址与传输层端口号,使得多个私网用户可共用一个公网地址与外部网络通信,节省了公网地址。

③ 通过静态映射,不同的内部服务器可以映射到同一个公网地址。外部用户可通过公网地址和端口访问不同的内部服务器,同时静态映射还隐藏了内部服务器的真实 IP 地址,从而防止外部对内部服务器乃至内部网络的攻击。

④ 方便网络管理,例如私网服务器迁移时,无须过多配置的改变,仅仅通过调整内部服务器的映射表就可将这一变化体现出来。

NAT 技术以一定的优势解决了 IP 地址的利用效率和安全等方面的问题,但其自身也存在一些问题,如:使用 NAT 技术的设备会降低设备的性能和增加网络延迟;NAT 技术改变了 IP 地址参数,使得对数据的监控和追踪变得复杂;等等。

### 5.1.2 NAT 的类型

熟悉网络地址转换的类型之前必须了解 NAT 的一些术语。在使用 NAT 时,根据地址的位置及数据流的方向,有以下几种地址名称：

- 内部本地地址。
- 内部全局地址。
- 外部本地地址。
- 外部全局地址。

内部地址是指经过 NAT 的设备地址。外部地址是指目的设备的地址。本地地址是指在网络内部使用的地址。全局地址是指在网络外部使用的地址。

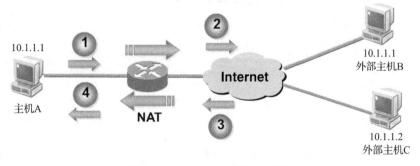

图 5-1 NAT 地址类型示意网络

如图 5-1 所示,主机 A 与外部主机通信时,经过 NAT 设备地址转换的 4 个过程如表 5-2 所示。

表 5-2　NAT 地址转换表

| 1 | 主机 A 发出的数据包 | | 2 | 经过路由器转换的数据包 | |
|---|---|---|---|---|---|
| | SA = 10.1.1.1 | DA = 193.3.3.1 | | SA = 192.2.2.1 | DA = 10.1.1.1 |
| | 内部本地地址 | 外部本地地址 | | 内部全局地址 | 外部全局地址 |
| 3 | 经过路由器转换的数据包 | | 4 | 外部主机 B 返回的数据包 | |
| | SA = 192.3.3.1 | DA = 10.1.1.1 | | SA = 10.1.1.1 | DA = 192.2.2.1 |
| | 外部本地地址 | 内部本地地址 | | 外部全局地址 | 内部全局地址 |

网络地址转换主要有 3 种类型:静态 NAT、动态 NAT 和端口过载 PAT。

- 静态地址转换(静态 NAT):本地地址和全局地址之间是一对一的地址映射。
- 动态地址转换(动态 NAT):本地地址和全局地址之间是多对多的地址映射。
- 端口地址转换(PAT):本地地址和全局地址之间是多对一的地址映射。

## 5.1.3　NAT 工作原理

配置了 NAT 功能的连接内部网络和外部网络的边缘设备通常被称为 NAT 设备。当内部网络访问外部网络的报文经过 NAT 设备时,NAT 设备会用一个合法的公网地址替换原报文中的源 IP 地址,并对这种转换进行记录。之后,当报文从外网侧返回时,NAT 设备查找原有的记录,将报文的目的地址再替换回原来的私网地址,并转发给内网侧主机。这个过程,在私网侧或公网侧设备看来,与普通的网络访问并没有任何的区别。

图 5-2 显示了私有地址转换的示意图。一般地址转换的工作是由网络边缘的设备实施,如路由器、防火墙等,目的是将 IP 数据包首部中的私有地址转换成公有地址。

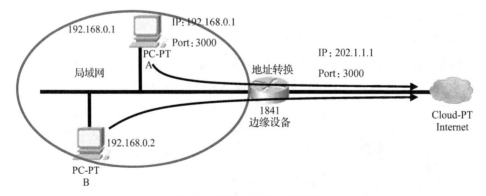

图 5-2　网络地址转换示意图

### 1. 静态 NAT

静态 NAT 使用本地地址和全局地址一对一的映射。这些映射由网络管理员进行配置,并且保持不变。静态 NAT 如表 5-3 所示。

表 5-3　静态 NAT

| 内部本地 IP 地址 | 内部全局 IP 地址 |
| --- | --- |
| 192.168.0.1 | 202.1.1.1 |
| 192.168.0.2 | 202.1.1.2 |

在图 5-2 中,路由器上配置了 A 和 B 两台 PC 内部地址的静态映射。当这些设备向 Internet 发送流量时,它们的内部地址将转换为已配置的内部全局地址。对外部网络而言,这些设备具有公有 IP 地址。

2. 动态 NAT

动态 NAT 使用公有的地址池,并以先到先得的原则分配这些地址。当内部设备请求访问外部设备时,动态 NAT 会从地址池中分配一个公有的 IP 地址。如 PC A 已经使用动态 NAT 地址池中的 IP 地址访问 Internet,其他地址仍然可供其他用户使用,如表 5-4 所示。

表 5-4　动态 NAT 地址池

| 内部本地 IP 地址 | 内部全局 IP 地址 |
| --- | --- |
| 192.168.0.1 | 202.1.1.1 |
| 可供使用 | 202.1.1.2 |
| 可供使用 | 202.1.1.3 |
| 可供使用 | 202.1.1.4 |
| 可供使用 | 202.1.1.5 |
| 可供使用 | 202.1.1.6 |

3. 端口地址转换(PAT)

静态 NAT 和动态 NAT 类似,为了满足同时支持多用户上网,需要有足够的公有 IP 地址可用。显然公有 IP 地址的数量会成为一个难题。

端口地址转换(PAT)将多个私有 IP 地址映射到单个公有 IP 地址或多个公有 IP 地址,这是目前大多数情况所使用的 Internet 访问方法。PAT 可以将多个地址映射到一个或少数几个公有 IP 地址。每个私有 IP 地址会用端口号加以跟踪。当设备发起 TCP/IP 会话时,它会生成 TCP 或 UDP 源端口号,以唯一标识一个用户。NAT 设备收到客户端的数据时,将使用端口号来唯一确定 NAT 的转换。PAT 示例如表 5-5 所示。

表 5-5　PAT 示例

| 协议 | 内部本地 IP 地址 | 内部全局 IP 地址 |
|------|------|------|
| TCP | 192.168.0.1:1024 | 202.1.1.1:1024 |
| TCP | 192.168.0.2:1444 | 202.1.1.1:1444 |
| TCP | 192.168.0.3:1492 | 202.1.1.2:1492 |

# 5.2　实训项目一　静态 NAT 配置

【实训目的】

- 了解静态 NAT 的使用场景。
- 理解网络地址转换的原理。
- 掌握静态 NAT 的配置方法。

【实训拓扑图】

实训拓扑图如图 5-3 所示。

图 5-3　实训拓扑图

设备参数如表 5-6 所示。

表 5-6　设备参数

| 设备 | 接口 | IP 地址 | 子网掩码 | 默认网关 |
|------|------|------|------|------|
| R1 | Fa/0/0 | 192.168.10.1 | 255.255.255.0 | N/A |
| | Se/0/0/0 | 10.0.0.1 | 255.255.255.0 | N/A |
| R2 | Fa/0/0 | 172.16.0.1 | 255.255.255.0 | N/A |
| | Se/0/0/0 | 10.0.0.2 | 255.255.255.0 | N/A |
| PC1 | N/A | 192.168.10.100 | 255.255.255.0 | 192.168.10.1 |
| PC2 | N/A | 172.16.0.100 | 255.255.255.0 | 172.16.0.1 |

## 【实训内容】

### 1. 配置基础路由

R1 路由器的基本配置。

R1(config)#**ip route 0. 0. 0. 0 0. 0. 0. 0 10. 0. 0. 2**

//配置缺省路由,下一跳为 10. 0. 0. 2

### 2. 验证连通性

由于没有做 NAT 转换,PC1 无法 ping 通 PC2,如图 5-4 所示。

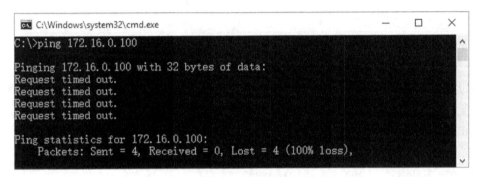

图 5-4　验证连通性

### 3. 配置静态 NAT

R1 路由器的配置。

R1(config)#**ip nat inside source static 192. 168. 10. 100 10. 0. 0. 3**

//配置静态 NAT

R1(config)#**interface fastEthernet 0/0**

R1(config-if)#**ip nat inside**

//在 Fa0/0 接口启用 NAT

R1(config)#**interface serial 0/0/0**

R1(config-if)#**ip nat outside**

//在 Se0/0/0 接口启用 NAT

### 4. R1 路由器上的 NAT 信息

(1) NAT 的调试信息

R1#**debug ip nat**

//查看 NAT 调试信息

IP NAT debugging is on

R1#

＊Jun 　7 02:51:39. 643:NAT＊:s = **192. 168. 10. 100->10. 0. 0. 3**,d = 180. 163. 32. 152［10060］

```
* Jun  7 02:51:39.647: NAT: s=10.0.0.2, d=10.0.0.3->192.168.10.100 [1416]
* Jun  7 02:51:40.427: NAT*: s=192.168.10.100->10.0.0.3, d=183.57.48.55 [20939]
* Jun  7 02:51:40.431: NAT: s=10.0.0.2, d=10.0.0.3->192.168.10.100 [1418]
* Jun  7 02:51:41.511: NAT*: s=192.168.10.100->10.0.0.3, d=14.17.42.43 [10006]
* Jun  7 02:51:41.511: NAT: s=10.0.0.2, d=10.0.0.3->192.168.10.100 [1420]
```
（------省略部分输出------）
//以上输出显示了 NAT 的转换过程,内部本地地址 192.168.10.100 被转换成了内部全局地址 10.0.0.3,由于对应于不同的应用,所以设备安排了不同的标识号,其中"s"表示源 IP 地址,"d"表示目的 IP 地址

（2）查看 NAT 映射表项

```
R1#show ip nat translations
Pro Inside global      Inside local         Outside local        Outside global
udp 10.0.0.3:4466        192.168.10.100:4466 112.74.189.106:10001 112.74.189.106:10001
```
//以上条目说明了 192.168.10.100 到 10.0.0.3 的 udp 转换情况
```
tcp 10.0.0.3:49982       192.168.10.100:49982 123.151.71.34:80 123.151.71.34:80
tcp 10.0.0.3:49983       192.168.10.100:49983 180.163.26.34:80 180.163.26.34:80
tcp 10.0.0.3:49985       192.168.10.100:49985 123.151.71.34:80 123.151.71.34:80
tcp 10.0.0.3:49986       192.168.10.100:49986 14.17.42.43:36688 14.17.42.43:36688
tcp 10.0.0.3:49987       192.168.10.100:49987 183.57.48.55:80   183.57.48.55:80
tcp 10.0.0.3:49988       192.168.10.100:49988 59.37.96.205:443 59.37.96.205:443
tcp 10.0.0.3:49990       192.168.10.100:49990 14.17.42.43:36688 14.17.42.43:36688
tcp 10.0.0.3:49991       192.168.10.100:49991 180.163.26.34:80 180.163.26.34:80
```
//以上条目说明了 192.168.10.100 到 10.0.0.3 的 tcp 转换情况

（------省略部分输出------）
//以上输出显示内部本地地址与内部全局地址的映射关系

（3）查看 NAT 转换的统计信息

```
R1#show ip nat statistics
Total active translations：146（1 static，145 dynamic；145 extended）
```
//处于活动转换条目的总数为146,包括静态的 1 条和动态的 145 条
```
Peak translations: 146, occurred 00:00:36 ago
```
//最高峰转换的数目 146 与发生时间
```
Outside interfaces:
  Serial0/0/0
```
//NAT 外部接口
```
Inside interfaces:
```

```
FastEthernet0/0
//NAT 内部接口
Hits: 1985    Misses: 0
//共计转换数据包 1985 个,没有转换失败的数据包
CEF Translated packets: 1241, CEF Punted packets: 744
//1241 个数据包是 Cisco CEF 转发的
Expired translations: 102
//超时转换条目有 102 条
Dynamic mappings:
//动态映射情况
Appl doors: 0
Normal doors: 0
Queued Packets: 0
```

### 5. 连通性测试

配置 NAT 后,PC1 可以 ping 通 PC2,如图 5-5 所示。

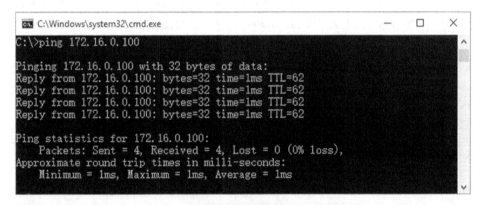

图 5-5　连通性测试

 ## 5.3　实训项目二　动态 NAT 配置

＊＊＊＊＊＊＊＊＊＊＊＊＊＊＊＊＊＊＊＊＊＊＊＊＊＊＊＊＊＊＊

## 【实训目的】

- 理解动态 NAT 的工作原理。
- 掌握动态 NAT 的配置方法。

## 【实训拓扑图】

实训拓扑图如图 5-6 所示。

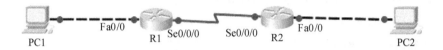

图 5-6　实训拓扑图

设备参数如表 5-7 所示。

表 5-7　设备参数

| 设备 | 接口 | IP 地址 | 子网掩码 | 默认网关 |
|------|------|---------|----------|----------|
| R1 | Fa0/0 | 192.168.10.1 | 255.255.255.0 | N/A |
| | Se0/0/0 | 10.0.0.1 | 255.255.255.0 | N/A |
| R2 | Fa0/0 | 172.16.0.1 | 255.255.255.0 | N/A |
| | Se0/0/0 | 10.0.0.2 | 255.255.255.0 | N/A |
| PC1 | N/A | 192.168.10.100 | 255.255.255.0 | 192.168.10.1 |
| PC2 | N/A | 172.16.0.100 | 255.255.255.0 | 172.16.0.1 |

## 【实训内容】

### 1. 配置基础路由

R1 路由器的基本配置。

R1(config)#**ip route 0.0.0.0 0.0.0.0 10.0.0.2**

### 2. 配置动态 NAT

R1(config)#**access-list 1 permit 192.168.10.0 0.0.0.255**

//创建 ACL,编号为 1,允许 192.168.10.0/24 网段通过

R1(config)#**ip nat pool dnat 10.0.0.3 10.0.0.10 netmask 255.255.255.0**

//创建动态 NAT 地址池

R1(config)#**ip nat inside source list 1 pool dnat**

//在动态 NAT 地址池应用 ACL

R1(config)#**interface fastEthernet 0/0**

R1(config-if)#**ip nat inside**

//在 Fa0/0 端口入方向应用动态 NAT

R1（config）#**interface serial 0/0/0**

R1（config-if）#**ip nat outside**

//在 Se0/0/0 端口出方向应用动态 NAT

### 3. 查看 NAT 信息

（1）查看 NAT 转换信息

R1#**show ip nat translations**

| Pro Inside global | Inside local | Outside local | Outside global |
|---|---|---|---|
| icmp 10.0.0.3:1 | 192.168.10.100:1 | 172.16.0.10:1 | 172.16.0.10:1 |
| icmp 10.0.0.3:1 | 192.168.10.100:1 | 172.16.0.100:1 | 172.16.0.100:1 |
| udp 10.0.0.3:4466 | 192.168.10.100:4466 | 112.74.189.106:10001 | 112.74.189.106:10001 |
| tcp 10.0.0.3:50319 | 192.168.10.100:50319 | 123.151.71.34:80 | 123.151.71.34:80 |
| tcp 10.0.0.3:50320 | 192.168.10.100:50320 | 180.163.26.34:80 | 180.163.26.34:80 |
| tcp 10.0.0.3:50321 | 192.168.10.100:50321 | 123.151.71.34:80 | 123.151.71.34:80 |
| tcp 10.0.0.3:50322 | 192.168.10.100:50322 | 183.57.48.55:80 | 183.57.48.55:80 |
| tcp 10.0.0.3:50324 | 192.168.10.100:50324 | 180.163.26.34:80 | 180.163.26.34:80 |
| tcp 10.0.0.3:50325 | 192.168.10.100:50325 | 101.226.76.232:8080 | 101.226.76.232:8080 |
| tcp 10.0.0.3:50326 | 192.168.10.100:50326 | 47.92.21.26:80 | 47.92.21.26:80 |
| tcp 10.0.0.3:50327 | 192.168.10.100:50327 | 183.192.200.20:8080 | 183.192.200.20:8080 |
| tcp 10.0.0.3:50328 | 192.168.10.100:50328 | 183.57.48.55:80 | 183.57.48.55:80 |
| tcp 10.0.0.3:50329 | 192.168.10.100:50329 | 14.17.41.155:8080 | 14.17.41.155:8080 |
| tcp 10.0.0.3:50330 | 192.168.10.100:50330 | 163.177.71.158:8080 | 163.177.71.158:8080 |
| tcp 10.0.0.3:50331 | 192.168.10.100:50331 | 180.163.26.34:80 | 180.163.26.34:80 |
| tcp 10.0.0.3:50332 | 192.168.10.100:50332 | 120.198.203.149:8080 | 120.198.203.149:8080 |
| tcp 10.0.0.3:50333 | 192.168.10.100:50333 | 182.254.104.121:8080 | 182.254.104.121:8080 |
| Pro Inside global | Inside local | Outside local | Outside global |
| tcp 10.0.0.3:50334 | 192.168.10.100:50334 | 183.57.48.55:80 | 183.57.48.55:80 |
| tcp 10.0.0.3:50335 | 192.168.10.100:50335 | 219.133.60.243:36688 | 219.133.60.243:36688 |
| tcp 10.0.0.3:50336 | 192.168.10.100:50336 | 58.250.137.93:443 | 58.250.137.93:443 |
| tcp 10.0.0.3:50337 | 192.168.10.100:50337 | 180.163.26.34:80 | 180.163.26.34:80 |
| tcp 10.0.0.3:50338 | 192.168.10.100:50338 | 219.133.60.243:36688 | 219.133.60.243:36688 |
| tcp 10.0.0.3:50339 | 192.168.10.100:50339 | 58.250.137.93:443 | 58.250.137.93:443 |
| tcp 10.0.0.3:50340 | 192.168.10.100:50340 | 183.57.48.55:80 | 183.57.48.55:80 |
| tcp 10.0.0.3:50341 | 192.168.10.100:50341 | 47.92.21.26:80 | 47.92.21.26:80 |
| udp 10.0.0.3:54522 | 192.168.10.100:54522 | 180.163.26.34:8000 | 180.163.26.34:8000 |
| udp 10.0.0.3:54522 | 192.168.10.100:54522 | 183.57.48.55:8000 | 183.57.48.55:8000 |
| --- 10.0.0.3 | 192.168.10.100 | --- | --- |

//以上输出显示了 192.168.10.100 到 10.0.0.3 的 icmp、udp 及 tcp 的转换情况

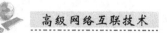

（2）查看 NAT 转换的统计信息

R1#**show ip nat statistics**

R1#show ip nat statistics

Total active translations: 56 (0 static, 56 dynamic; 55 extended)

Peak translations: 211, occurred 00:04:17 ago

Outside interfaces:

　Serial0/2/0

Inside interfaces:

　FastEthernet0/0

Hits: 3239　Misses: 0

CEF Translated packets: 1974, CEF Punted packets: 1265

Expired translations: 144

Dynamic mappings:

//动态映射情况

-- Inside Source

[Id: 1] access-list 1 pool dnat refcount 56

//NAT 的地址池 dnat 与 ACL1 绑定，当前 NAT 表项中使用的地址池转换条目有 56 条

pool dnat: netmask 255.255.255.0

//地址池名字与子网掩码

　　　start 10.0.0.3 end 10.0.0.10

//动态转换地址池的开始与结束 IP 地址

　　　type generic, total addresses 8, allocated 1（12%），misses 0

//地址池的使用情况，共 8 个地址可以进行动态转换，已经使用 1 个地址进行 NAT 转换

Appl doors: 0

Normal doors: 0

Queued Packets: 0

### 4. 连通性测试

连通性测试结果如图 5-7 所示。

```
C:\Windows\system32\cmd.exe                              —    □    ×

C:\>ping 172.16.0.100

Pinging 172.16.0.100 with 32 bytes of data:
Reply from 172.16.0.100: bytes=32 time=1ms TTL=62
Reply from 172.16.0.100: bytes=32 time=1ms TTL=62
Reply from 172.16.0.100: bytes=32 time=1ms TTL=62
Reply from 172.16.0.100: bytes=32 time=1ms TTL=62

Ping statistics for 172.16.0.100:
    Packets: Sent = 4, Received = 4, Lost = 0 (0% loss),
Approximate round trip times in milli-seconds:
    Minimum = 1ms, Maximum = 1ms, Average = 1ms
```

图 5-7　连通性测试

**5.4　实训项目三　NAT 过载配置**

✳✳✳✳✳✳✳✳✳✳✳✳✳✳✳✳✳✳✳✳✳✳✳✳✳✳✳✳✳✳✳✳

## 【实训目的】

- 理解端口转换的含义。
- 掌握端口地址转换的配置方法。

## 【实训拓扑图】

实训拓扑图如图 5-8 所示。

设备参数如表 5-7 所示。

## 【实训内容】

### 1. 修改 R1 路由器配置

R1(config)#**ip nat inside source list 1 pool dnat overload**

//配置 NAT 过载

R1(config)#**interface fastEthernet 0/0**

R1(config-if)#**ip nat inside**

R1(config)#**interface serial 0/0/0**

R1(config-if)#**ip nat outside**

//如果需要转换的地址数量不多,可以直接用出接口的地址配置 NAT 过载,不需要定义地址池,
配置命令如下:

R1(config)#**ip nat inside source list 1 interface Serial0/0/0 overload**

### 2. R1 路由器上的 NAT 信息

R1#**show ip nat translations**

| Pro | Inside global | Inside local | Outside local | Outside global |
|---|---|---|---|---|
| udp | 10.0.0.3:4466 | 192.168.10.100:4466 | 112.74.189.106:10001 | 112.74.189.106:10001 |
| tcp | 10.0.0.3:51684 | 192.168.10.100:51684 | 58.250.137.93:443 | 58.250.137.93:443 |
| tcp | 10.0.0.3:51685 | 192.168.10.100:51685 | 47.92.21.26:80 | 47.92.21.26:80 |
| tcp | 10.0.0.3:51686 | 192.168.10.100:51686 | 183.57.48.55:80 | 183.57.48.55:80 |
| tcp | 10.0.0.3:51687 | 192.168.10.100:51687 | 180.163.26.34:80 | 180.163.26.34:80 |
| tcp | 10.0.0.3:51688 | 192.168.10.100:51688 | 58.250.137.93:443 | 58.250.137.93:443 |
| udp | 10.0.0.3:54522 | 192.168.10.100:54522 | 180.163.26.34:8000 | 180.163.26.34:8000 |

R1#**show ip nat statistics**

Total active translations: 13 (0 static, 13 dynamic; 13 extended)

Peak translations: 994, occurred 00:01:00 ago

Outside interfaces:

   Serial0/2/0

Inside interfaces:

   FastEthernet0/0

Hits: 16172   Misses: 0

CEF Translated packets: 9411, CEF Punted packets: 6761

Expired translations: 551

Dynamic mappings:

-- Inside Source

[Id: 2] access-list 1 pool dnat refcount 13

pool dnat: netmask 255.255.255.0

      start 10.0.0.3 end 10.0.0.10

      type generic, total addresses 8, allocated 1 (12%), misses 0

Appl doors: 0

Normal doors: 0

Queued Packets: 0

## 5.5　实训项目四　内部服务器端口映射

\* \* \* \* \* \* \* \* \* \* \* \* \* \* \* \* \* \* \* \* \* \* \* \* \* \* \* \* \* \* \* \* \*

### 【实训目的】

- 理解端口映射的原理。
- 掌握服务器地址转换的部署方法。

### 【实训拓扑图】

实训拓扑图如图 5-9 所示。

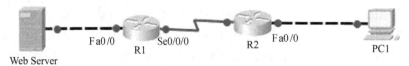

图 5-9　实训拓扑图

设备参数如表 5-8 所示。

表 5-8　设备参数

| 设备 | 接口 | IP 地址 | 子网掩码 | 默认网关 |
|---|---|---|---|---|
| R1 | Fa0/0 | 172.16.10.254 | 255.255.255.0 | N/A |
| | Se0/0/0 | 100.0.0.1 | 255.255.255.0 | N/A |
| R2 | Fa0/0 | 192.168.10.1 | 255.255.255.0 | N/A |
| | Se0/0/0 | 100.0.0.2 | 255.255.255.0 | N/A |
| PC1 | N/A | 192.168.10.100 | 255.255.255.0 | 192.168.10.1 |
| Web Server | N/A | 172.16.10.1 | 255.255.255.0 | 172.16.10.254 |

## 【实训内容】

### 1. 配置基础路由

R1 路由器的基本配置。

R1(config)#**ip route 0.0.0.0 0.0.0.0 100.0.0.2**

### 2. 验证服务

PC1 无法访问 Web 服务,原因是外部用户不能访问内部的服务器资源,内部服务器地址属于私有地址,如图 5-10 所示。

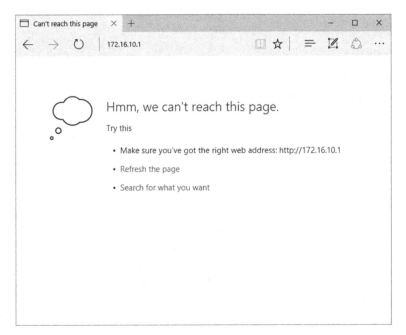

图 5-10　验证服务

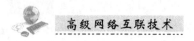

### 3. 配置端口转换

R1 路由器的配置。

R1(config)# **ip nat inside source static tcp 172.16.10.1 80 10.0.0.3 80**

//配置服务器端口映射

R1(config)#**interface fastEthernet 0/0**

R1(config-if)#**ip nat inside**

R1(config)#**interface serial 0/0/0**

R1(config-if)#**ip nat outside**

### 4. R1 路由器上的 NAT 信息

R1#**show ip nat translations**

| Pro | Inside global | Inside local | Outside local | Outside global |
|---|---|---|---|---|
| tcp | 10.0.0.3:80 | 172.16.10.1:80 | 192.168.10.100:65421 | 192.168.10.100:65421 |
| tcp | 10.0.0.3:80 | 172.16.10.1:80 | --- | --- |

R1#**show ip nat statistics**

Total active translations: 3 (1 static, 2 dynamic; 3 extended)

Peak translations: 4, occurred 00:00:56 ago

Outside interfaces:

　Serial0/2/0

Inside interfaces:

　FastEthernet0/0

Hits: 569　Misses: 0

CEF Translated packets: 569, CEF Punted packets: 0

Expired translations: 5

Dynamic mappings:

Appl doors: 0

Normal doors: 0

Queued Packets: 0

**5. 验证服务**

PC1 可以访问 Web 服务,而访问的时候使用的公网的 IP 地址是 100.0.0.3,验证了服务器的端口映射,如图 5-11 所示。

**图 5-11** 验证服务

# 第6章

# 虚拟专用网络 VPN

虚拟专用网络(Virtual Private Network,VPN)属于远程访问技术,简单地说就是利用公用网络架设专用网络。例如,某公司员工出差到外地,他想访问企业内网的服务器资源。这种访问就属于远程访问,通过 VPN 技术就可以实现。VPN 技术在企业网络中有着广泛的应用,可以通过服务器、硬件和软件等多种方式实现。

## 6.1 VPN 简介

VPN 是在公用网络中,按照相同的策略和安全规则,建立私有网络链接,其结构如图6-1 所示。

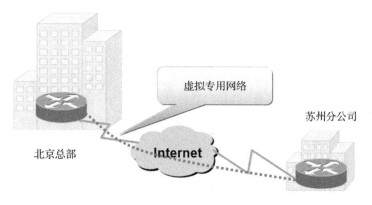

图 6-1　VPN 结构

在传统的企业网络配置中,要进行远程访问,传统的方法是租用数字数据网(DDN)专线或帧中继。这样的通信方案必然导致高昂的网络通信和维护费用。对于移动用户(移动办公人员)与远端个人用户而言,他们一般会通过拨号线路进入企业的局域网,但这样必然带来安全上的隐患。为了保证数据的安全传输,VPN 技术对数据通信进行了加密处理,有了数据加密就可以认为,数据是在一条安全的传输通道上进行传输,就如同专门设置了一条专用网络。

## 6.1.1 VPN 特点

VPN 技术从一定角度解决了数据传输的安全问题,其有如下优点。

### 1. 灵活性

VPN 能够让移动员工、远程员工、合作伙伴等利用高速的宽带网络连接到企业网络,保证数据传输的安全性。

### 2. 费用低

VPN 技术利用现成的宽带网络建立虚拟通道,不需要额外铺设网络,因此费用较低。

### 3. 可扩展性

设计良好的 VPN 是模块化和可升级的。企业可以使用 ISP 网络和基础设施,让用户使用容易设置的互联网基础设施,快速地添加新用户到网络。

### 4. 拓扑管理

通过 VPN 技术,企业可以完全掌握自己网络的控制权,网络的管理运营也由自己掌握。

但 VPN 技术也有一些缺陷。例如:企业不能直接控制基于互联网的 VPN 可靠性和性能;创建 VPN 线路并不容易,需要用户从较高层次理解网络安全问题;企业需要认真地规划和配置;不同厂商的 VPN 解决方案存在兼容问题;等等。

## 6.1.2 VPN 类型

根据不同的分类标准,VPN 可以按以下三个标准进行划分。

### 1. 按照 VPN 的协议分类

VPN 的隧道协议主要有 L2TP(Layer 2 Tunnel Protocol)、PPTP(Point To Point Tunnel Protocol)、L2F(Layer 2 Forwarding)和 IPSec(IP Security Protocol),其中,L2TP、PPTP 和 L2F 协议工作在 OSI 模型的第二层,又称为第二层隧道协议,IPSec 则是第三层隧道协议。

### 2. 按照 VPN 拓扑结构分类

按照拓扑结构,VPN 可以分为以下两种,如图 6-2 所示。

（1）Remote Access VPN(远程接入 VPN)

客户端到网关,使用公网作为骨干网在设备之间传输 VPN 数据流量。

（2）Site to Site VPN(站点到站点 VPN)

网关到网关,通过公司的网络架构连接来自同公司的资源。

高级网络互联技术

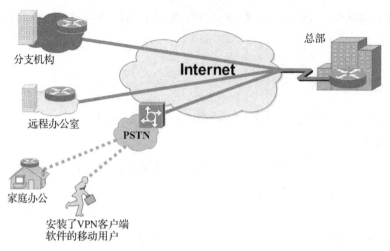

图 6-2　VPN 应用分类

### 3. 按照实现原理分类

按照实现原理不同，VPN 可以分为以下两种。

（1）重叠 VPN

此 VPN 需要用户自己建立端节点之间的 VPN 链路，主要包括 GRE、L2TP、IPSec 等众多技术。

（2）对等 VPN

由网络运营商在主干网上完成 VPN 通道的建立，主要包括 MPLS VPN 技术。

## 6.1.3　VPN 工作原理

VPN 的基本工作过程如图 6-3 所示。数据由源端出发，经过访问控制、报文加密、报文认证、IP 封装后进入隧道，到达目的地后会进行数据的解封装、认证、解密等过程，而整个过程中涉及的技术有安全隧道技术、信息加密技术、用户认证技术及访问控制技术。

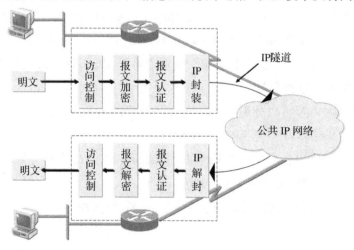

图 6-3　VPN 的基本工作过程

## 1. 安全隧道技术

为了在公网上传输私有数据,必须进行"信息封装"(Encapsulation),在 Internet 上传输的加密数据包中,只有 VPN 端口或网关的 IP 地址暴露在外面,如图 6-4 所示。

**图 6-4　VPN 隧道示例**

协议分为第二层隧道协议和第三层隧道协议。第二层隧道协议建立在点对点协议(PPP)的基础上,先把各种网络协议(IP、IPX)封装到 PPP 帧中,再把整个数据帧装入隧道协议如图 6-5 所示。此类隧道协议适用于公共电话交换网或者 ISDN 线路链接的 VPN。

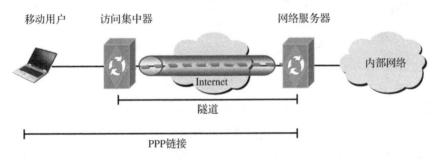

**图 6-5　第二层隧道协议**

第三层隧道协议把各种网络协议直接装入隧道协议,在可扩充性、安全性、可靠性方面优于第二层隧道协议,如图 6-6 所示。

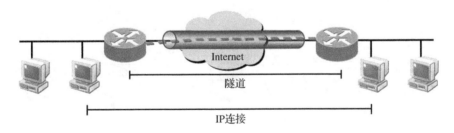

**图 6-6　第三层隧道协议**

## 2. 信息加密技术

数据加密主要是确保数据的安全。第一种方法是保护算法。加密系统的安全性能是基于算法本身的安全,则算法代码必须被严密保护起来。如果算法泄露,所有相关方必须改变算法。第二种方法是保护密钥。对于现代密码技术,所有的算法都是公开的,由密钥

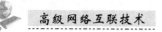

确保数据的安全。密钥是一个比特序列,它与被加密的数据一起被输入一个加密算法。

两种基本类别的加密算法被用于保护密钥:对称和非对称。

对称加密使用相同的密钥对数据进行加密和解密,如图 6-7 所示。使用的对称密钥一般需要提前共享。对称加密有以下特点:

- 通常加密速度比较快(可以达到线速)。
- 基于简单的数学操作(可借助硬件)。
- 需要数据的保密性时,用于大批量加密。
- 密钥的管理是最大的问题。

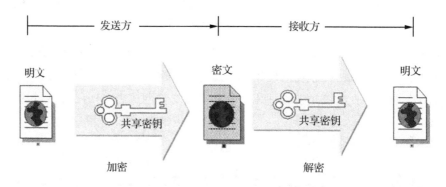

图 6-7  对称加密算法

非对称加密算法使用不同的密钥对数据进行加密和解密。每一方都有两个密钥,即公钥和私钥,其中公钥可以公开,私钥必须安全保存。其中一个密钥用于加密,另一个密钥用于解密,其算法在运行速度上远低于对称加密算法。非对称加密算法一般分为公钥加密和私钥签名,如图 6-8 和图 6-9 所示。

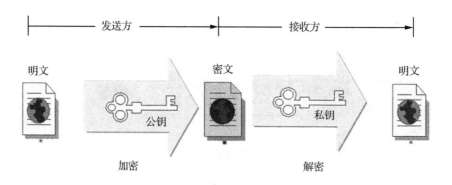

图 6-8  公钥加密

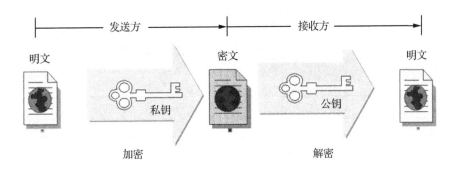

图 6-9　私钥签名

## ↘ 6.1.4　IPSec

IPSec(IP Security)是 IETF 为保证在 Internet 上传送数据的安全保密性而制定的框架协议。各算法之间相互独立,应用在网络层,保护和认证 IP 数据包。IPSec 可以从传输层至应用层实现保护,所以 IPSec 几乎可以保护所有的应用流量。

### 1. 工作模式

IPSec 支持隧道模式和传输模式。

（1）隧道模式

IPSec 对整个 IP 数据包进行封装和加密,隐蔽了源和目的 IP 地址,从外部看不到数据包的路由过程。

（2）传输模式

IPSec 只对 IP 有效数据载荷进行封装和加密,不加密传送 IP 源和目的 IP 地址,安全程度相对较低。

### 2. IPSec 框架

IPSec 框架提供了信息的机密性、数据的完整性、用户的验证和防重放保护,包含以下 5 个组件。

* 安全协议:IPSec 提供两个安全协议,AH（Authentication Header）认证头协议和 ESP（Encapsulation Security Payload）封装安全载荷协议。AH 和 ESP 的隧道模式封装分别如图 6-10 和图 6-11 所示。
* 加密算法:IPSec 使用的加密算法很多,如 DES、3DES、AES 等。用户可以根据需求选择合适的加密算法。
* 认证算法:确保数据的完整性,使用 MD5 或 SHA 认证算法。
* 共享密钥:一般有两种方法,预共享密钥或使用 RSA 的数字签名。
* DH 算法组:一般有三种 DH 密钥交换算法,包括 DH Group1（DH1）、DH Group2（DH2）和 DH Group5（DH5）。

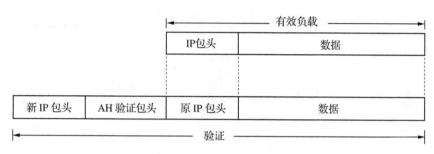

图 6-10 AH 隧道模式封装

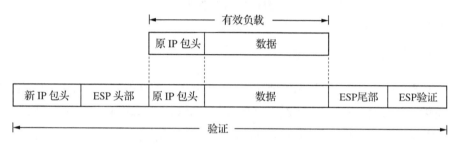

图 6-11 ESP 隧道模式封装

### 3. 安全联盟

两个设备之间的协商参数被称为安全联盟(Security Association,SA)。建立 SA 是其他 IPSec 服务的前提。一个 SA 通常包含以下安全参数：

- 认证/加密算法,密钥长度及其他的参数。
- 认证和加密所需要的密钥。
- 使用到该 SA 的数据。
- IPSec 的封装协议和模式。

### 4. IKE

IPSec 使用因特网密钥交换(Internet Key Exchange,IKE)协议来建立密钥交换过程。IKE 在 RFC2409 中有定义,它是一种混合协议,结合了因特网联盟和密钥管理协议(Internet Security And Key Management Protocol,ISAKMP)等多种协议。每个对等体必须有相同的 ISAKMP 和 IPSec 参数来建立一个安全的 VPN。

在两个对等体之间建立一条安全通信隧道,执行 IKE 协议分以下两个阶段。

（1）IKE 阶段 1

IKE 阶段 1 的基本目的是协商 IKE 策略集、认证对等体,并在对等体之间建立一条安全通道。它可以使用主模式(main mode)或者主动模式(aggressive mode)完成。阶段 1 确定 IKE 通信安全的算法、散列及其他参数,1 发生 3 次交换。

- 第一次:对等体协商确定用于保护 IKE 通信安全的算法和散列。
- 第二次:对等体之间创建和交换 DH 公钥。DH 组 1 产生 768 bit 密钥,DH 组 2 产生 1 024 bit 密钥,DH 组 5 产生 1 536 bit 密钥。

- 第三次:认证远端的对等体,使用 PSK、RSA 签名或者 RSA 加密随机数。

(2) IKE 阶段 2

由 IKE 进程 ISAKMP 代表 IPSec 进行 SA 协商。

### 6.1.5　GRE 隧道

通用路由封装(Generic Routing Encapsulation,GRE)协议用来对任意一种网络层协议(如 IPv6)的数据报文进行封装,使这些被封装的数据报文能够在另一个网络(如 IPv4)中传输,其包头如图 6-12 所示。

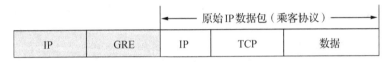

图 6-12　GRE 包头

封装前后数据报文的网络层协议可以相同,也可以不同。封装后的数据报文在网络中传输的路径,称为 GRE 隧道。GRE 隧道是一个虚拟的点到点的连接,其两端的设备分别对数据报文进行封装及解封装。GRE 封装后的报文包括如下 3 个部分。

(1) 净荷数据(Payload Packet)

净荷数据是指需要封装和传输的数据报文。净荷数据的协议类型称为乘客协议(Passenger Protocol)。乘客协议可以是任意的网络层协议。

(2) GRE 头(GRE Header)

GRE 头是指采用 GRE 协议对净荷数据进行封装所添加的报文头,包括封装层数、版本、乘客协议类型、校验和信息、Key 信息等内容。添加 GRE 头后的报文称为 GRE 报文。对净荷数据进行封装的 GRE 协议称为封装协议(Encapsulation Protocol)。

(3) 传输协议的报文头(Delivery Header)

在 GRE 报文上添加报文头,以便传输协议对 GRE 报文进行转发处理。传输协议(Delivery Protocol 或者 Transport Protocol)是指负责转发 GRE 报文的网络层协议。设备支持 IPv4 和 IPv6 两种传输协议:当传输协议为 IPv4 时,GRE 隧道称为 GRE over IPv4 隧道;当传输协议为 IPv6 时,GRE 隧道称为 GRE over IPv6 隧道。

## 6.2 实训项目一 Site to Site VPN 配置

**\*\*\*\*\*\*\*\*\*\*\*\*\*\*\*\*\*\*\*\*\*\*\*\*\*\*\*\*\*\*\*\*\***

### 【实训目的】

- 理解 Site to Site VPN 的含义。
- 掌握 Site to Site VPN 的配置方法。

### 【实训拓扑图】

实训拓扑图如图 6-13 所示。

图 6-13 实训拓扑图

设备参数如表 6-1 所示。

表 6-1 设备参数

| 设备 | 接口 | IP 地址 | 子网掩码 | 默认网关 |
|---|---|---|---|---|
| R1 | Se0/0/0 | 69.1.0.1 | 255.255.255.0 | N/A |
| | Fa0/0 | 192.168.1.1 | 255.255.255.0 | N/A |
| R2 | Se0/0/0 | 201.106.208.2 | 255.255.255.0 | N/A |
| | Fa0/0 | 192.168.2.1 | 255.255.255.0 | N/A |

### 【实训内容】

#### 1. IP 地址与路由配置

在 R1、R2 路由器上配置 IP 地址,测试各直连链路的连通性,并配置如下路由:

```
R1(config)#ip route 0.0.0.0 0.0.0.0 Se0/0/0
//公网出口路由器通常会有默认路由指向 Internet
R2(config)#ip route 0.0.0.0 0.0.0.0 Se0/0/0
```

#### 2. 配置 Site to Site VPN

（1）R1 路由器的基本配置

① IKE 协商配置。

R1(config)#**crypto isakmp enable**

//使能 isakmp 功能

R1(config)#**crypto isakmp policy 10**

//创建一个 isakmp 策略,编号为 10。可以有多个策略,路由器双发将采用编号最小的策略进行协商

R1(config-isakmp)#**encryption des**

//配置 isakmp 采用的加密算法,可以选择 3DES、AES 和 DES

R1(config-isakmp)#**authentication pre-share**

//配置 isakmp 采用的身份认证算法,这里采用预共享密钥

R1(config-isakmp)#**hash sha**

//配置 isakmp 采用的 HASH 算法,可以选择 MD5 和 SHA

R1(config-isakmp)#**group 5**

//配置 isakmp 采用的密钥交换算法,这里采用 DH group 5,可以选择 1、14、15、16、2、5

R1(config)#**crypto isakmp key cisco address 201. 106. 208. 2**

//配置对等体 201. 106. 208. 2 的预共享密钥为 cisco,双方配置的密钥需要一致

② 配置 IPSec 的协商的传输模式集。

R1(config)#**crypto ipsec transform-set TRAN esp-des esp-sha-hmac**

//创建 ipsec 转换集,名称为 TRAN。该名称在本地有效。这里转换集采用 ESP 封装。加密算法为 DES,HASH 算法为 sha。可以选择 AH 封装或者 AH-ESP 封装

③ 配置感兴趣的数据流。

R1(config)#**ip access-list extended VPN**

R1(config-ext-nacl)#**permit ip 192. 168. 1. 0 0. 0. 0. 255 192. 168. 2. 0 0. 0. 0. 255**

//定义一个 ACL,用来指明需要通过 VPN 加密的流量。我们这里限定的是两个局域网之间的流量才进行加密,其他流量(如到 Internet)不要加密

④ 配置 VPN 加密图与接口应用。

R1(config)#**crypto map MAP 10 ipsec-isakmp**

//创建加密图,名为 MAP,编号为 10。名称和编号都在本地有效,路由器根据编号从小到大逐一匹配

R1(config-crypto-map)#**set peer 201. 106. 208. 2**

//指明 VPN 对等体为路由器 R2

R1(config-crypto-map)#**set transform-set TRAN**

//指明转换集为前面已经定义的 TRAN

R1(config-crypto-map)#**match address VPN**

//指明匹配名为 VPN 的 ACL 为 VPN 流量

R1(config-crypto-map)#**reverse-route static**

//指明反向路由注入,这里会根据上一条语句生成一条静态路由,static 关键字指明即使 VPN 会话没有建立起来,反向路由也要创建

R1(config)#**interface Serial0/0/0**

R1(config-if)#**crypto map MAP**

//在接口上应用之前创建的加密图 MAP

（2）R2 路由器的基本配置

R2(config)#**crypto isakmp enable**

R2(config)#**crypto isakmp policy 10**

R2(config-isakmp)#**encryption des**

R2(config-isakmp)#**authentication pre-share**

R2(config-isakmp)#**hash sha**

R2(config-isakmp)#**group 5**

R2(config)#**crypto isakmp key cisco address 69. 1. 0. 1**

R2(config)#**crypto ipsec transform-set TRAN esp-des esp-sha-hmac**

R2(config)#**ip access-list extended VPN**

R2(config-ext-nacl)#**permit ip 192. 168. 2. 0 0. 0. 0. 255 192. 168. 1. 0 0. 0. 0. 255**

R2(config)#**crypto map MAP 10 ipsec-isakmp**

R2(config-crypto-map)#**set peer 69. 1. 0. 1**

R2(config-crypto-map)#**set transform-set TRAN**

R2(config-crypto-map)#**match address VPN**

R2(config-crypto-map)#**reverse-route static**

R2(config)#**interface Serial0/0/0**

R2(config-if)#**crypto map MAP**

### 3. 实训调试

（1）查看路由表

R1#**show ip route**

(------省略部分输出------)

    69. 0. 0. 0/24 is subnetted, 1 subnets

C       69. 1. 0. 0 is directly connected, Serial0/0/0

C    192. 168. 1. 0/24 is directly connected, FastEthernet0/0

**S    192. 168. 2. 0/24 [1/0] via 201. 106. 208. 2**

//路由器 R1 已经有一条 192. 168. 2. 0/24 的路由存在,下一跳为对方公网地址

S *    0. 0. 0. 0/0 is directly connected, Serial0/0/0

（2）显示 isakmp 策略情况

```
R1#show crypto isakmp policy
Global IKE policy
Protection suite of priority 10
          encryption algorithm:        DES - Data Encryption Standard (56 bit keys).
          //加密算法
          hash algorithm:              Secure Hash Standard
          //HASH 算法
          authentication method:       Pre-Shared Key
          //认证方法
          Diffie-Hellman group:        #5 (1536 bit)
          //密钥交换算法
          lifetime:                    86400 seconds, no volume limit
          //生存时间,即重认证时间
```

（3）显示 ipsec 交换集情况

```
R1#show crypto ipsec transform-set
Transform set TRAN: ｛ esp-des esp-sha-hmac ｝
   will negotiate = ｛ Tunnel, ｝,
   //前面配置的交换集 TRAN
Transform set #MYM！default_transform_set_1: ｛ esp-aes esp-sha-hmac ｝
   will negotiate = ｛ Transport, ｝,
   //系统默认的交换集
Transform set #MYM！default_transform_set_0: ｛ esp-3des esp-sha-hmac ｝
   will negotiate = ｛ Transport, ｝,
   //系统默认的交换集
```

（4）显示加密图情况

```
R1#show crypto map
Crypto Map "MAP" 10 ipsec-isakmp
//名为 MAP 的加密图,编号 10 的配置
          Peer = 201.106.208.2
          //配置的对等体 IP
          Extended IP access list VPN
          //对符合名为 VPN 的 ACL 的流量进行加密
             access-list VPN permit ip 192.168.1.0 0.0.0.255 192.168.2.0 0.0.0.255
```

```
Current peer: 201.106.208.2
//当前的对等体 IP
Security association lifetime: 4608000 kilobytes/3600 seconds
//生存时间,即多长时间或者传输了多少字节重新建立会话,保证数据的安全
Responder-Only (Y/N): N
PFS (Y/N): N
Transform sets = {
        TRAN:    { esp-des esp-sha-hmac  } ,
        //使用的交换集为 TRAN
}
Reverse Route Injection Enabled
//启动反向路由注入
Interfaces using crypto map MAP:
//使用该加密图的接口
        Serial0/0/0
```

（5）显示 ipsec 会话情况

```
R1#show crypto ipsec sa
interface: Serial0/0/0
    Crypto map tag: MAP, local addr 69.1.0.1
   protected vrf: (none)
   local   ident (addr/mask/prot/port): (192.168.1.0/255.255.255.0/0/0)
   remote ident (addr/mask/prot/port): (192.168.2.0/255.255.255.0/0/0)
   //以上是对等体双方的 ID
   current_peer 201.106.208.2 port 500
     PERMIT, flags = {origin_is_acl,}
    #pkts encaps: 4, #pkts encrypt: 4, #pkts digest: 4
    #pkts decaps: 4, #pkts decrypt: 4, #pkts verify: 4
    //以上是该接口的加、解密数据包统计量
    #pkts compressed: 0, #pkts decompressed: 0
    #pkts not compressed: 0, #pkts compr. failed: 0
    #pkts not decompressed: 0, #pkts decompress failed: 0
    #send errors 1, #recv errors 0

     local crypto endpt.: 69.1.0.1, remote crypto endpt.: 201.106.208.2
     path mtu 1500, ip mtu 1500, ip mtu idb Serial0/0/0
     current outbound spi: 0x5ADF3820(1524578336)
     PFS (Y/N): N, DH group: none
```

```
inbound esp sas:
```
//入方向的 ESP 安全会话
```
 spi: 0x3183A937（830712119）
```
//区别会话的一个编号
```
    transform: esp-des esp-sha-hmac，
```
//交换集情况
```
    in use settings ＝{Tunnel，}
```
//模式:隧道或者传输模式
```
    conn id: 2001，flow_id: FPGA:1，sibling_flags 80000046，crypto map: MAP
```
//该会话的 ID
```
    sa timing: remaining key lifetime（k/sec）:（4408964/2013）
```
//还剩下的生存时间
```
    IV size: 8 bytes
    replay detection support: Y
    Status: ACTIVE
```
//会话状态

```
inbound ah sas:
```
//入方向的 AH 安全会话,由于我们没有使用 AH 封装,所以没有 AH 会话

```
inbound pcp sas:

outbound esp sas:
```
//出方向的 ESP 安全会话
```
 spi: 0x5ADF3820（1524578336）
    transform: esp-des esp-sha-hmac，
    in use settings ＝{Tunnel，}
    conn id: 2002，flow_id: FPGA:2，sibling_flags 80000046，crypto map: MAP
    sa timing: remaining key lifetime（k/sec）:（4408964/2013）
    IV size: 8 bytes
    replay detection support: Y
    Status: ACTIVE

outbound ah sas:

outbound pcp sas:
```

# 6.3 实训项目二 远程访问 VPN

**\* \* \* \* \* \* \* \* \* \* \* \* \* \* \* \* \* \* \* \* \* \* \* \* \***

## 【实训目的】

- 理解远程访问 VPN 的概念。
- 掌握远程访问 VPN 的配置方法。
- 掌握 VPN Client 软件的使用方法。

## 【实训拓扑图】

实训拓扑图如图 6-14 所示。

**图 6-14 实训拓扑图**

设备参数如表 6-2 所示。

**表 6-2 设备参数**

| 设备 | 接口 | IP 地址 | 子网掩码 | 默认网关 |
|------|------|---------|----------|----------|
| R1 | Se0/0/0 | 69.1.0.1 | 255.255.255.0 | N/A |
| | Fa0/0 | 192.168.1.1 | 255.255.255.0 | N/A |
| R2 | Se0/0/0 | 201.106.208.2 | 255.255.255.0 | N/A |
| | Fa0/0 | 192.168.2.1 | 255.255.255.0 | N/A |
| PC | N/A | 192.168.1.100 | 255.255.255.0 | 192.168.1.1 |

## 【实训内容】

### 1. IP 地址与路由配置

在 R1、R2 路由器上配置 IP 地址,测试各直连链路的连通性,并配置如下路由:

> R1(config)#**ip route 0.0.0.0 0.0.0.0 Se0/0/0**
>
> R2(config)#**ip route 0.0.0.0 0.0.0.0 Se0/0/0**

外网出口路由器通常会使用 NAT。R1 路由器的模拟配置如下:

```
R1(config)#interface Serial0/0/0
R1(config-if)#ip nat outside
R1(config)#interface FastEthernet0/0
R1(config-if)#ip nat inside
R1(config)# access-list 10 permit 192.168.1.0 0.0.0.255
R1(config)#ip nat inside source list 10 interface Serial0/0/0 overload
```

测试从 R1 路由器能否 ping 通 R2 路由器的公网接口。在 PC 上配置 IP 地址和网关,
测试能否 ping 通 VPN 网关路由器 R2(201.106.208.2)。

**2. 在 R2 路由器上配置远程访问 VPN**

```
R2(config)#crypto isakmp enable
R2(config)#crypto isakmp policy 10
R2(config-isakmp)#encryption 3des
R2(config-isakmp)#hash sha
R2(config-isakmp)#authentication pre-share
R2(config-isakmp)#group 2
//如果客户端是软件客户端,group 只能选择 group 2
```

以下设置推送到客户端的组策略:

```
R2(config)#ip local pool REMOTE-POOL 192.168.3.1 192.168.3.250
//定义 IP 地址池,用于向 VPN 客户分配 IP 地址
R2(config)#ip access-list extended EZVPN
R2(config-ext-nacl)#permit ip 192.168.2.0 0.0.0.255 any
R2(config-ext-nacl)#permit ip 192.168.3.0 0.0.0.255 any
//定义 Split-Tunnel 的列表,该列表向客户端指明只有发往该网络的数据包才进行加密,而其他
流量(如访问 R1 路由器内部局域网或者 Internet 的流量)不要加密
R2(config)#crypto isakmp client configuration group VPN-REMOTE-ACCESS
//创建一个组策略,组名为 VPN-REMOTE-ACCESS。以下语句是对该组的属性进行设置
R2(config-isakmp-group)#key MYVPNKEY
//设置组密钥
R2(config-isakmp-group)#pool REMOTE-POOL
//配置该组的用户采用的 IP 地址池
R2(config-isakmp-group)#save-password
//允许用户保持组的密码,否则必须每次输入
R2(config-isakmp-group)#acl EZVPN
//指明 Split-Tunnel 所使用的 ACL
```

```
R2(config)#aaa new-model
//启动 AAA 功能
R2(config)#aaa authorization network VPN-REMOTE-ACCESS local
//定义在本地进行授权
R2(config)#crypto map CLIENTMAP isakmp authorization list VPN-REMOTE-ACCESS
//指明 isakmp 授权方式
R2(config)#crypto map CLIENTMAP client configuration address respond
//配置当用户请求 IP 地址时就响应地址请求
```

以下设置用于定义 DPD 时间。路由器定时检测 VPN 会话。会话如果已经有 60 s 没有响应,将被删除。这用于防止用户非正常终止会话(如注销 VPN 之前直接断网)。

```
R2(config)#crypto isakmp keepalive 60
```

以下设置用于定义交换集和加密图:

```
R2(config)#crypto ipsec transform-set VPNTRANSFORM esp-3des esp-sha-hmac
R2(config)#crypto dynamic-map DYNMAP 10
//此处创建动态加密图,因为无法预知客户端 IP
R2(config-crypto-map)#set transform-set VPNTRANSFORM
R2(config-crypto-map)#reverse-route
R2(config)#crypto map CLIENTMAP 65535 ipsec-isakmp dynamic DYNMAP
//创建静态加密图时引用动态加密图,接口下只能应用静态加密图
```

以下设置用于配置 Xauth:

```
R2(config)#aaa authentication login VPNUSERS local
//定义一个认证方式,用户名和密码在本地
R2(config)#username vpnuser secret cisco
//定义一个用户名和密码
R2(config)#crypto map CLIENTMAP client authentication list VPNUSERS
//以上指明采用之前定义的认证方式对用户进行认证
R2(config)#crypto isakmp xauth timeout 20
//设置认证的超时时间
R2(config)#interface Serial0/0/0
R2(config-if)#crypto map CLIENTMAP
```

### 3. VPN Client 软件配置

打开 Cisco 公司的 VPN Client 客户端软件,如图 6-15 所示。

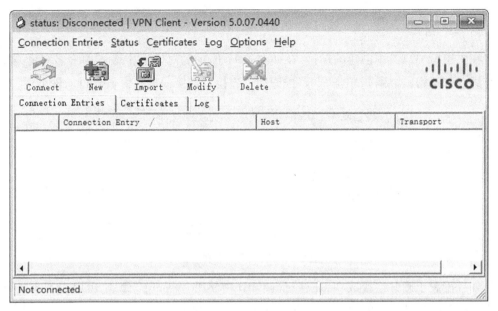

图 6-15　VPN Client 主窗口

单击"New"图标添加新的连接,如图 6-16 所示。在"Connection Entry"文本框中输入连接名字(名字自定),在"Host"文本框中输入 VPN 网关的 IP 地址,选中"Authentication"选项卡下的"Group Authentication"单选按钮,在"Name"文本框中输入之前配置的组名,在"Password"文本框中输入密码(组密码,这里为 MYVPNKEY,大小写敏感),保存即可。

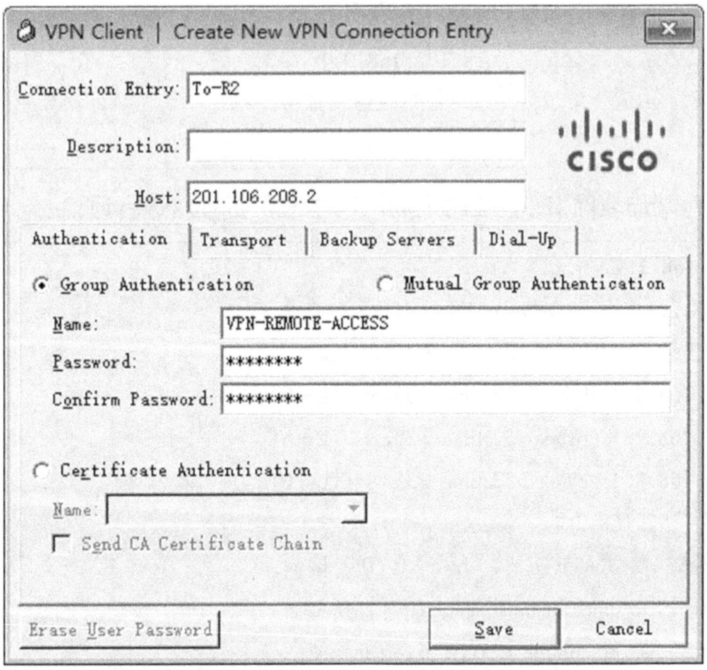

图 6-16　建立新的 VPN 连接窗口

### 4. 实训验证

（1）PC 进行 VPN 连接

在主窗口中双击刚创建的连接,在如图 6-17 所示的对话框中输入用户名和密码(不要与组名和组密码混淆),单击"OK"按钮即可连接。连接成功后窗口会自动最小化。

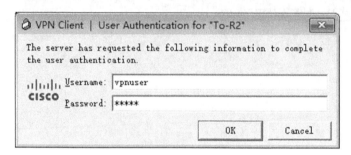

图 6-17　输入用户名和密码

如果配置正确并连接成功,在客户机 CMD 中使用"ipconfig"命令,可以看到获取到一个之前配置的地址池中的 IP 地址,结果如下:

```
C:\> ipconfig

Windows IP 配置
以太网适配器 以太网:
    连接特定的 DNS 后缀 . . . . . . . :
    本地链接 IPv6 地址. . . . . . . . : fe80::6067:85b:4d18:202%5
    IPv4 地址 . . . . . . . . . . . : 192.168.3.1
    子网掩码 . . . . . . . . . . . : 255.255.255.0
    默认网关. . . . . . . . . . . . :
```

通过 ping 对端局域网 IP,验证两个局域网之间是否可以进行通信。

```
C:\> ping 192.168.2.1
Pinging 192.168.2.1 with 32 bytes of data:
Reply from 192.168.2.1: bytes=32 time=35ms TTL=64
Reply from 192.168.2.1: bytes=32 time=35ms TTL=64
Reply from 192.168.2.1: bytes=32 time=35ms TTL=64
Reply from 192.168.2.1: bytes=32 time=35ms TTL=64
Ping statistics for 192.168.2.1:
    Packets: Sent=4, Received=4, Lost=0 (0% loss),
Approximate round trip times in milli-seconds:
    Minimum=35ms, Maximum=35ms, Average=35ms
```

（2）检查路由表

在 VPN 客户端上检查路由表，当 VPN 连通时，VPN Client 软件会增加到达对端局域网的路由表，如下：

```
C: \> route print
( ------省略部分输出------ )
IPv4 路由表
     192.168.1.255   255.255.255.255              在链路上        192.168.1.100      291
     192.168.2.0     255.255.255.0     192.168.3.1    192.168.3.2      100
     192.168.3.0     255.255.255.0     192.168.3.1    192.168.3.2      100

     //加粗部分是自动增加的路由
     192.168.3.2     255.255.255.255              在链路上        192.168.3.2      291
( ------省略部分输出------ )
     255.255.255.255 255.255.255.255              在链路上        192.168.3.2      291
永久路由：
     网络地址           网络掩码   网关地址    跃点数
     0.0.0.0           0.0.0.0    192.168.1.1        默认
```

VPN 网关路由器上也多出了一条指向客户端的主机路由。路由表如下：

```
R2#show ip route
( ------省略部分输出------ )
C    201.106.208.0/24 is directly connected, Serial0/0/0
C    192.168.2.0/24 is directly connected, FastEthernet0/0
     192.168.3.0/32 is subnetted, 1 subnets
S        192.168.3.2 [1/0] via 69.1.0.1
S *  0.0.0.0/0 is directly connected, Serial0/0/0
```

（3）在客户端查看统计数

双击右下角"VPN Client"图标，可以打开 VPN 主窗口。执行"Status"→"Stastics"命令，可以查看 VPN 连接的统计数，如图 6-18 所示。图 6-19 显示是本地流量（Loacl LAN Routes，数据不加密）或者 VPN 流量（Secured Routes，数据加密）。

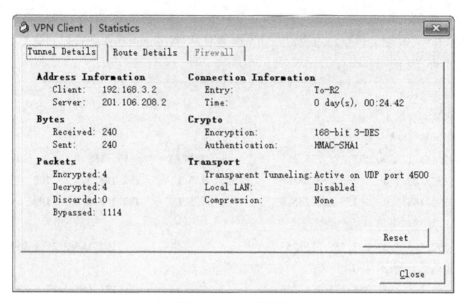

图 6-18   VPN 统计图

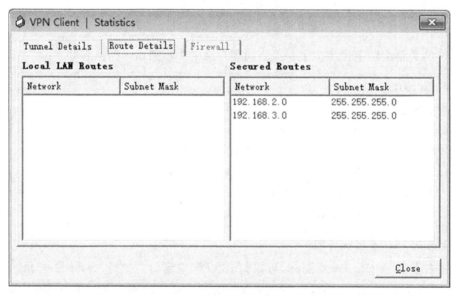

图 6-19   路由详细图

**6.4 实训项目三 GRE over IPsec VPN 配置**

* * * * * * * * * * * * * * * * * * * * * * * * * * * * * * * * * *

【实训目的】

- 理解 GRE Tunnel 的概念。
- 理解 GRE over IPsec VPN 的工作原理。
- 掌握 GRE Tunnel 的配置命令。
- 掌握 GRE over IPsec VPN 的配置方法。

【实训拓扑图】

实训拓扑图如图 6-20 所示。

Fa0/0　　R1　　Se0/0/0　　Internet　　Se0/0/0　　R2　　Fa0/0

**图 6-20　实训拓扑图**

设备参数如表 6-3 所示。

**表 6-3　设备参数**

| 设备 | 接口 | IP 地址 | 子网掩码 | 默认网关 |
| --- | --- | --- | --- | --- |
| R1 | Se0/0/0 | 69.1.0.1 | 255.255.255.0 | N/A |
| | Fa0/0 | 192.168.1.1 | 255.255.255.0 | N/A |
| | Tunnel0 | 172.16.0.1 | 255.255.255.0 | N/A |
| R2 | Se0/0/0 | 201.106.208.2 | 255.255.255.0 | N/A |
| | Fa0/0 | 192.168.2.1 | 255.255.255.0 | N/A |
| | Tunnel0 | 172.16.0.2 | 255.255.255.0 | N/A |

【实训内容】

### 1. IP 地址与路由配置

在 R1、R2 路由器上配置 IP 地址,测试各直连链路的连通性,并配置如下路由:

```
R1(config)#ip route 0.0.0.0 0.0.0.0 Se0/0/0
R2(config)#ip route 0.0.0.0 0.0.0.0 Se0/0/0
```

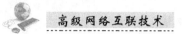

测试从 R1 路由器能否 ping 通 R2 路由器的公网接口。

**2. 配置 GRE Tunnel**

（1）R1 路由器的配置

R1（config）#**interface Tunnel0**

//创建 Tunnel 接口,编号为 0,编号本地有效

R1（config-if）#**tunnel mode gre ip**

//配置 Tunnel 类型为 IPv4 GRE Tunnel

R1（config-if）#**tunnel source Serial0/3/0**

//配置 Tunnel 源接口,路由器将以此接口地址作为 Tunnel 的源地址封装 VPN 数据包,也可直接输入源地址

R1（config-if）#**tunnel destination 201.106.208.2**

//配置 Tunnel 的目的地址,路由器将以此目的地址作为 Tunnel 的目的地址封装 VPN 数据包

R1（config-if）#**ip address 172.16.0.1 255.255.255.0**

//配置 Tunnel 接口上的 IP 地址。隧道建立后,可以把该隧道看成一条专线

（2）R2 路由器的配置

R2（config）#**interface Tunnel0**

R2（config-if）#**tunnel mode gre ip**

R2（config-if）#**tunnel source Serial0/3/0**

R2（config-if）#**tunnel destination 69.1.0.1**

R2（config-if）#**ip address 172.16.0.2 255.255.255.0**

以上配置完成后,通过 ping 测试确保隧道两端可达。

R2#**ping 172.16.0.1**

Type escape sequence to abort.

Sending 5, 100-byte ICMP Echos to 172.16.0.1, timeout is 2 seconds:

!!!!!

Success rate is 100 percent（5/5）, round-trip min/avg/max = 36/36/36 ms

**3. 配置 GRE over IPSEC**

（1）R1 路由器的配置

R1（config）#**crypto isakmp enable**

R1（config）#**crypto isakmp policy 10**

R1（config-isakmp）#**encryption 3des**

R1（config-isakmp）#**authentication pre-share**

R1（config-isakmp）#**hash sha**

R1（config-isakmp）#**group 5**

R1（config）#**crypto isakmp key cisco address 201.106.208.2**

R1（config）#**crypto ipsec transform-set TRAN esp-3des esp-sha-hmac**

R1（config）#**ip access-list extended GoI**

R1（config-ext-nacl）#**permit gre host 69.1.0.1 host 201.106.208.2**

//注意,此处应匹配 GRE 流量（GRE over IPSec VPN 将对所有 GRE 隧道的流量进行加密）,源地址和目的地址应是 IPSec 物理源接口和物理目的接口的 IP 地址

R1（config）#**crypto map MAP 10 ipsec-isakmp**

R1（config-crypto-map）#**set peer 201.106.208.2**

R1（config-crypto-map）#**set transform-set TRAN**

R1（config-crypto-map）#**match address GoI**

R1（config-crypto-map）#**interface Serial0/3/0**

R1（config-if）#**crypto map MAP**

//GRE over IPSec VPN 的加密图要应用在物理源接口上

（2）R2 路由器的配置

R2（config）#**crypto isakmp enable**

R2（config）#**crypto isakmp policy 10**

R2（config-isakmp）#**encryption 3des**

R2（config-isakmp）#**authentication pre-share**

R2（config-isakmp）#**hash sha**

R2（config-isakmp）#**group 5**

R2（config-isakmp）#**crypto isakmp key cisco address 69.1.0.1**

R2（config）#**crypto ipsec transform-set TRAN esp-3des esp-sha-hmac**

R2（config）#**ip access-list extended GoI**

R2（config-ext-nacl）#**permit gre host 201.106.208.2 host 69.1.0.1**

R2（config）#**crypto map MAP 10 ipsec-isakmp**

R2（config-crypto-map）#**set peer 69.1.0.1**

R2（config-crypto-map）#**set transform-set TRAN**

R2（config-crypto-map）#**match address GoI**

R2（config-crypto-map）#**interface Serial0/3/0**

R2（config-if）#**crypto map MAP**

### 4. 配置隧道间路由

要使两端局域网互通,需要配置两端 GRE 隧道间路由。本次实训两端局域网路由条目较少使用静态路由,根据实际情况也可选用动态路由协议:

```
R1(config)#ip route 192.168.2.0 255.255.255.0 Tunnel0
//因为是通过 GRE 隧道传输数据,因此下一跳是 Tunnel0
R2(config)#ip route 192.168.1.0 255.255.255.0 Tunnel0
```

测试从 R1 路由器内网接口能否 ping 通 R2 路由器的内网接口。

**5. 实训调试**

(1)测试两端网络通信

首先检查路由表,输出如下:

```
R1#show ip route
(------省略部分输出------)
     69.0.0.0/24 is subnetted, 1 subnets
C        69.1.0.0 is directly connected, Serial0/3/0
     172.16.0.0/24 is subnetted, 1 subnets
C        172.16.0.0 is directly connected, Tunnel0
//GRE 隧道配置后,会自动配置相关路由
S        192.168.2.0/24 is directly connected, Tunnel0
S*       0.0.0.0/0 is directly connected, Serial0/3/0
```

从路由器 R1 上 ping 路由器 R2 局域网网段,触发 IPSec 隧道建立。

```
R1#ping 192.168.2.0
Type escape sequence to abort.
Sending 5, 100-byte ICMP Echos to 192.168.2.0, timeout is 2 seconds:
.!!!!
//第一个 ICMP 数据包触发 IPsec 建立,因此显示不可达
Success rate is 80 percent (4/5), round-trip min/avg/max = 48/51/52 ms
```

(2)检查 IPSec 相关情况

首先检查路由表,输出如下:

```
R1#show crypto ipsec sa
interface: Serial0/3/0
    Crypto map tag: MAP, local addr 69.1.0.1
    protected vrf: (none)
    local   ident (addr/mask/prot/port): (69.1.0.1/255.255.255.255/47/0)
    remote ident (addr/mask/prot/port): (201.106.208.2/255.255.255.255/47/0)
    current_peer 201.106.208.2 port 500
      PERMIT, flags = {origin_is_acl,}
```

**#pkts encaps: 4, #pkts encrypt: 4, #pkts digest: 4**

**#pkts decaps: 4, #pkts decrypt: 4, #pkts verify: 4**

#pkts compressed: 0, #pkts decompressed: 0

#pkts not compressed: 0, #pkts compr. failed: 0

#pkts not decompressed: 0, #pkts decompress failed: 0

**#send errors 1, #recv errors 0**

//已经有 IPSec 相关数据包

（------省略部分输出------）

其他相关测试与 Site to Site 实训调试类似，此处不再给出。

# 第7章

# 网络管理与监控

监控网络的运行可以为网络管理员提供信息,从而主动管理网络和识别网络使用情况。网络链路状态、延迟、误码率等信息都是网络管理员确定网络运行状况和使用情况的因素。本章将介绍网络管理与监控的一些基本方法。

## 7.1 SNMP

简单网络管理协议(Simple Network Management Protocol,SNMP)是互联网中的一种网络管理标准协议,广泛用于实现管理设备对被管理设备的访问和管理。

### 1. SNMP 的优势

(1)支持网络设备的智能化管理

利用基于 SNMP 的网络管理平台,网络管理员可以查询网络设备的运行状态和参数,设置参数值,发现故障,完成故障诊断,进行容量规划和制作报告。

(2)支持对不同物理特性的设备进行管理

SNMP 只提供最基本的功能集,使得管理任务与被管理设备的物理特性和联网技术相对独立,从而实现对不同厂商设备的管理。

### 2. SNMP 网络的架构

SNMP 网络架构由管理工作站、SNMP 代理和管理信息库(Management Information Base,MIB)构成。

* 管理工作站:通常就是计算机,能够提供友好的人机交互界面,管理员能够使用用户接口从 MIB 取得信息,同时能够将命令发送到 SNMP 代理。
* SNMP 代理:SNMP 网络的被管理者,负责接收、处理来自工作站的 SNMO 报文。
* 管理信息库:被管理对象的集合。

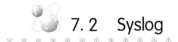

## 7.2　Syslog

\* \* \* \* \* \* \* \* \* \* \* \* \* \*

系统日志(Syslog)协议是在一个 IP 网络中转发系统日志信息的标准。Syslog 记录着系统中的任何事件。管理者可以通过查看系统记录随时掌握系统状况。通过分析这些网络行为日志,管理者可追踪和掌握与设备和网络有关的情况。

Cisco 设备会根据网络事件导致的结果生成系统日志消息。每个 Syslog 消息中都包含一个严重级别和一个特性。很多网络设备都支持 Syslog,其中包括路由器、交换机、应用服务器、防火墙和其他网络设备。

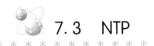

## 7.3　NTP

\* \* \* \* \* \* \* \* \* \* \* \* \* \*

在大型的网络中,如果依靠管理员手工配置来修改网络中各台设备的系统时间,不但工作量巨大,而且也不能保证时间的精确性。网络时间协议(Network Time Protocol,NTP)可以用来在分布式时间服务器和客户端之间进行时间同步,使网络内所有设备的时间保持一致,并提供较高的时间同步精度。NTP 采用的传输层协议为 UDP,使用的 UDP 端口号为 123。

NTP 主要应用于需要网络中所有设备的时间保持一致的场合,比如:

• 需要以时间作为参照依据,对从不同设备采集来的日志信息、调试信息进行分析的网络管理系统。

• 对设备时间一致性有要求的计费系统。

• 多个系统协同处理同一个比较复杂的事件的场合。此时,为保证正确的执行顺序,多个系统的时间必须保持一致。

## 7.4　NetFlow

\* \* \* \* \* \* \* \* \* \* \* \* \* \*

NetFlow 是一种思科 IOS 技术,用来将网络流量标记到设备的高速缓存中,从而提供非常精准的流量测量。由于数据通信的流动性,NetFlow 是从 IP 网络收集 IP 数据的标准。

NetFlow 利用标准的交换模式处理数据流的第一个 IP 包数据,生成 NetFlow 缓存。随后同样的数据基于缓存信息在同一个数据流中进行传输,不再匹配相关的访问控制等策略。NetFlow 缓存同时包含了随后数据流的统计信息。NetFlow 通过提供数据来实现网络和安全监控、网络规划、流量分析及 IP 计费等目的。

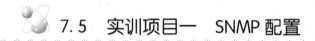

# 7.5 实训项目一 SNMP 配置

## 【实训目的】

- 熟悉 SNMP 的工作原理。
- 掌握 SNMP 的配置方法。
- 掌握 SNMP 的使用方法。

## 【实训拓扑图】

实训拓扑图如图 7-1 所示。

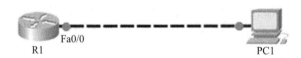

Fa0/0

R1                                          PC1

图 7-1   实验拓扑

设备参数如表 7-1 所示。

表 7-1   设备参数

| 设备 | 接口 | IP 地址 | 子网掩码 | 默认网关 |
|------|------|---------|----------|----------|
| R1 | Fa0/0 | 192.168.1.1 | 255.255.255.0 | N/A |
| PC1 | N/A | 192.168.1.100 | 255.255.255.0 | 192.168.1.1 |

## 【实训内容】

### 1. 配置路由器

R1(config)# **snmp-server community Read ro**

//配置团体读字符串(相当于登录密码,拥有读取路由器上 MIB 信息的权限)

R1(config)# **snmp-server community Write rw**

//配置团体读写字符串(拥有读取/写入路由器上 MIB 信息的权限)

R1(config)# **snmp-server host 192.168.1.100 traps R1**

//配置管理工作站的 IP 地址,并且以团体名为 R1 发送 trap(告警)信息

R1(config)#**snmp-server enable traps**

//开启 SNMP 的 trap 功能,端口号为 UDP 162

R1(config)#**snmp-server contact Alan.J**

//配置联系信息(可选)

R1(config)#**snmp-server location Suzhou China**

//配置位置信息(可选)

### 2. 在 PC 上使用 SnmpB 软件

本实训使用 SnmpB 软件。该软件可以从网站"http://sourceforge.net"上免费下载。

安装 SnmpB 后,打开软件,主界面如图 7-2 所示。

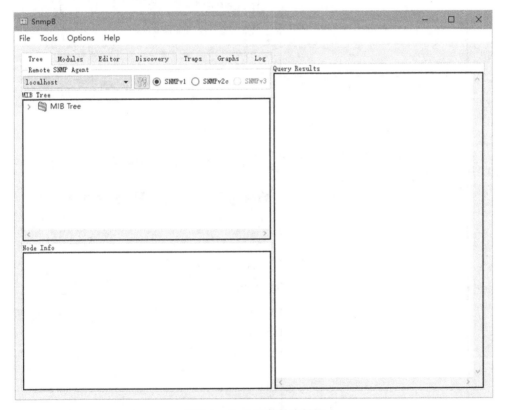

**图 7-2　SnmpB 软件主界面**

执行"Options"→"Manage Agent Profiles"命令,打开如图 7-3 所示的对话框。在"Name"文本框中输入名字(本地有效)。在"Agent Address/Name"文本框中输入路由器 R1 的 IP 地址,勾选"SNMPV1"和"SNMPV2"复选框,其他保持默认即可。单击左边"Snmpv1/v2c",打开如图 7-4 所示的对话框。在"Read community"文本框中输入"Read"

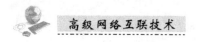 

（前面配置的），在"Write community"文本框中输入"Write"，单击"OK"按钮。

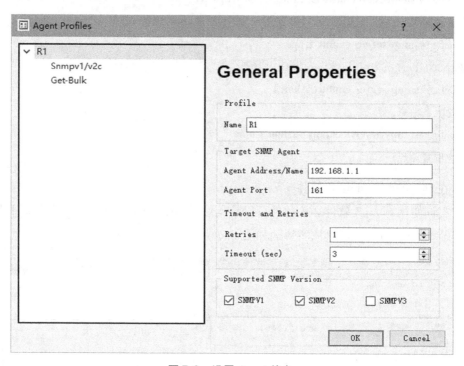

图 7-3　设置 Agent 信息

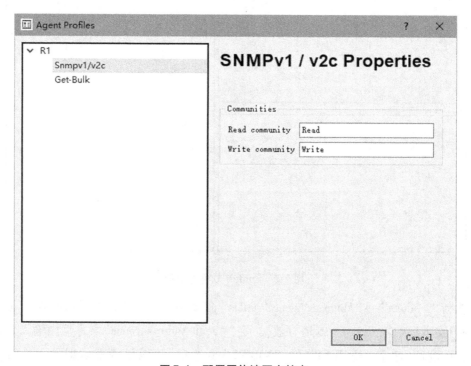

图 7-4　配置团体读写字符串

### 3. 在 PC 上读取和修改路由器信息

（1）读取信息

如图 7-5 所示，展开"MIB Tree"，右击"system"项，在弹出的快捷菜单中选择"Walk"选项，这样 SnmpB 会遍历该项下的 MIB 树查询结果，并显示在右边的"Query Results"窗口中。

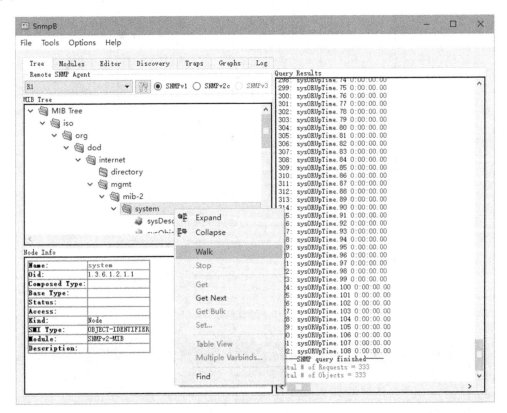

图 7-5 读取信息

（2）修改信息

在图 7-5 中，选择"system"下的"sysName"，单击鼠标右键，在弹出的快捷菜单中选择"Set"，打开如图 7-6 所示的对话框。在"Value"文本框中输入"CiscoRouter"，单击"OK"按钮，就将路由器的主机名修改为"CiscoRouter"了。同时，路由器回显一条信息，如图 7-7 所示。

图7-6　修改信息

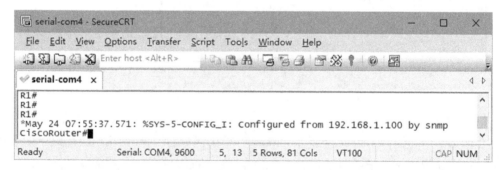

图7-7　路由器回显信息

### 4. 实现 SNMP trap 功能

在路由器上指向如下命令,目的是让路由器向 PC 发送 trap 信息。

CiscoRouter(config)#**interface loopback 0**

CiscoRouter(config)#**no interface loopback 0**

CiscoRouter(config)#**interface loopback 1**

CiscoRouter(config-if)#**shutdown**

CiscoRouter(config-if)#**no shutdown**

单击图 7-2 中的"Traps"选项卡，会看到路由器发送到 PC 的 Trap 信息，如图 7-8
所示。

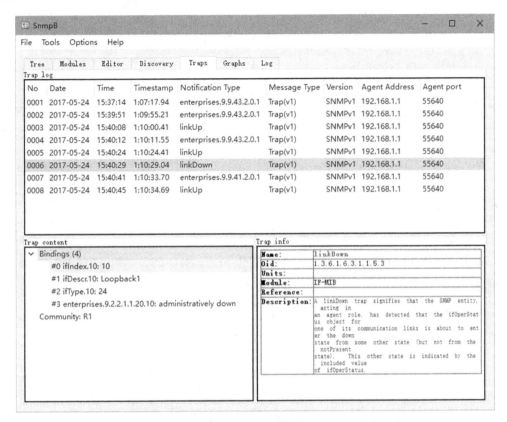

**图 7-8　Trap 信息**

 **7.6　实训项目二　Syslog 配置**

＊＊＊＊＊＊＊＊＊＊＊＊＊＊＊＊＊＊＊＊＊＊＊＊＊＊

【实训目的】

- 熟悉日志服务器软件的使用。
- 掌握发送日志到 TFTP 服务器的配置。

【实训拓扑图】

实训拓扑图如图 7-9 所示。

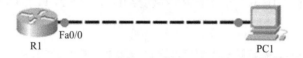

图7-9　实训拓扑图

设备参数如表7-2所示。

表7-2　设备参数

| 设备 | 接口 | IP 地址 | 子网掩码 | 默认网关 |
|------|------|---------|----------|----------|
| R1 | Fa0/0 | 192.168.1.1 | 255.255.255.0 | N/A |
| PC1 | N/A | 192.168.1.100 | 255.255.255.0 | 192.168.1.1 |

## 【实训内容】

### 1. 在 PC 上使用日志服务器软件

本实训使用 Tftpd32 软件。该软件可以提供 Syslog 服务器等功能。Tftpd32 软件可以从网站"http://tftpd32.jounin.net/"上免费下载。

安装 Tftpd32 后,打开软件,主界面如图7-10所示。

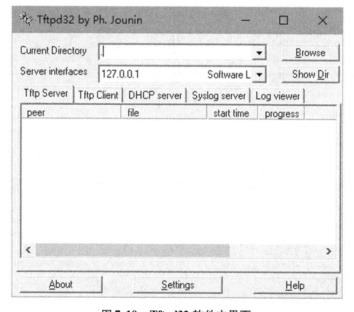

图7-10　Tftpd32 软件主界面

## 2. 路由器上配置 Syslog

```
R1(config)#logging on
//开启日志功能(默认开启)
R1(config)#logging console debugging
//开启控制台显示日志功能(默认开启)
R1(config)#logging buffered debugging
//把日志存储在内存中,"show logging"命令可以查看日志信息
R1(config)#logging host 192.168.1.100
//配置日志发送到 Syslog 服务器的地址
R1(config)#logging origin-id ip
//配置日志发送时使用 IP 地址作为 ID(默认用主机名)
R1(config)#service timestamps log
//日志中加上发生时间的时间戳
R1(config)#service timestamps log datetime
//日志发生时间采用绝对时间
R1(config)#service sequence-numbers
//日志中加入序号
R1(config)#interface loopback 0
R1(config-if)#shutdown
R1(config-if)#no shutdown
//以上 3 条配置是为了触发日志产生
```

单击图 7-10 中的"Syslog server"选项卡,会看到路由器发送到 PC 的日志信息,如图 7-11 所示。

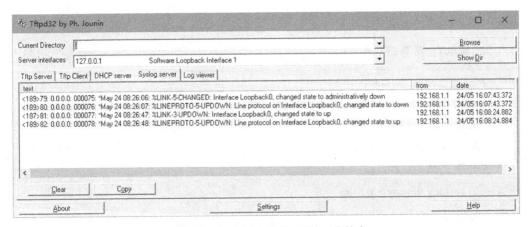

图 7-11　Syslog 服务器显示的日志信息

#  7.7 实训项目三 NTP 配置

\* \* \* \* \* \* \* \* \* \* \* \* \* \* \* \* \* \* \* \* \* \* \* \* \*

## 【实训目的】

- 熟悉 NTP 的概念。
- 掌握 NTP 服务器的配置方法。
- 掌握 NTP 客户端的配置方法。

## 【实训拓扑图】

实训拓扑图如图 7-12 所示。

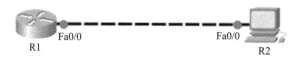

**图 7-12 实训拓扑图**

设备参数如表 7-3 所示。

**表 7-3 设备参数**

| 设备 | 接口 | IP 地址 | 子网掩码 | 默认网关 |
|------|-------|---------------|-----------------|----------|
| R1 | Fa0/0 | 192.168.12.1 | 255.255.255.0 | N/A |
| R2 | Fa0/0 | 192.168.12.2 | 255.255.255.0 | N/A |

## 【实训内容】

### 1. 配置 NTP 服务器

R1(config)#**interface Serial0/3/0**

R1(config-if)#**ip address 192.168.12.1 255.255.255.0**

R1(config-if)#**no shutdown**

R1#**clock set 8:49:00 25 May 2017**

//配置设备当前时间(在特权模式下配置)

R1(config)#**clock timezone Beijing +8**

//配置时区

R1(config)#ntp master 8

//配置当前设备成为 NTP 服务器(注意命令为"**master**"),"8"为优先级

### 2. 配置 NTP 客户端

配置客户端前先查看设备当前时间信息：

```
R2#show clock
 *01:10:42.079 UTC Thu May 25 2017
//默认时区为 UTC
```

继续进行 NTP 客户端相关配置：

```
R2(config)#interface Serial0/3/0
R2(config-if)#ip address 192.168.12.2 255.255.255.0
R2(config-if)#no shutdown
R2(config)#clock timezone Beijing +8
//客户端也需要配置时区,否则为默认时区
R2(config)#ntp server 192.168.12.1
//配置要获取时间配置的 NTP 服务器地址
```

再次查看客户端设备当前时间信息：

```
R2#show clock
 *09:11:38.095 Beijing Thu May 25 2017
//同步后时间信息与 R1 相同
```

##  7.8　实训项目四　NetFlow 配置

**********************************

### 【实训目的】

- 熟悉 NetFlow 的概念。
- 掌握 NetFlow 的配置方法。
- 掌握 NetFlow 软件的使用方法。

### 【实训拓扑图】

实训拓扑图如图 7-13 所示。

图7-13    实训拓扑图

设备参数如表7-4所示。

表7-4    设备参数

| 设备 | 接口 | IP 地址 | 子网掩码 | 默认网关 |
|------|------|---------|----------|----------|
| R1 | Fa0/0 | 192.168.1.1 | 255.255.255.0 | N/A |
| PC1 | N/A | 192.168.1.100 | 255.255.255.0 | 192.168.1.1 |

## 【实训内容】

### 1. 配置路由器

```
R1(config)#interface FastEthernet0/0
R1(config-if)#ip address 192.168.1.1 255.255.255.0
R1(config)#ip flow-export destination 192.168.1.100 9996
//配置发送 NetFlow 数据流的目的 IP 地址和端口号,下一步中使用软件的默认检测端口为 9996
R1(config)#ip flow-export version 5
//配置 NetFlow 导出格式为第 5 版,可选 1、5、9
R1(config)#interface FastEthernet0/0
//进入要捕获 NetFlow 数据流的监控端口
R1(config-if)#ip flow egress
//配置监控端口捕获传入数据包
R1(config-if)#ip flow ingress
//配置监控端口捕获传出数据包
```

### 2. 在 PC 上使用 NetFlow Analyzer 软件

本实训使用 NetFlow Analyzer 软件。该软件可以从网站"http://www.manageengine.com/"上免费下载试用。

安装 NetFlow Analyzer 后,在"开始"菜单中打开"OpManager Web Client",会从系统默认浏览器中打开登录界面,如图 7-14 所示。

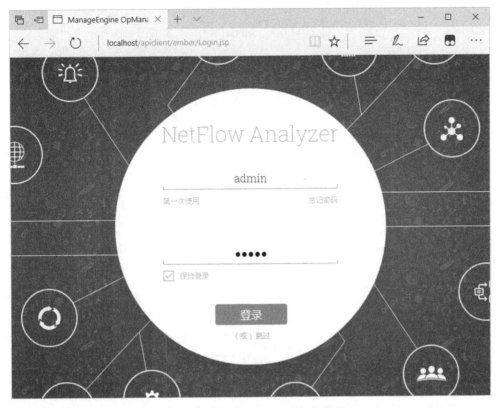

图 7-14　NetFlow Analyzer 登录界面

单击"登录"按钮,进入后台管理界面,如图 7-15 所示。

图 7-15　NetFlow Analyzer 管理界面

在图 7-15 中,单击左侧工具栏中"资源清单"图标,再单击右侧窗口中"接口"项,单击"Iflndex1"可查看从路由器 R1 接口接收到的摘要信息,如图 7-16 所示。

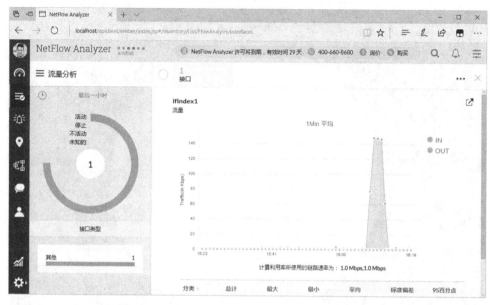

图 7-16　Iflndex1 接口信息

在图 7-16 所示的界面中,单击右上角"Full View"按钮,下滑滚动栏可以查看接口"Iflndex1"的详细统计信息,如图 7-17 所示。

| 源 | 目的地 | 应用 | 源端口 | 目的端口 | 协议 | DSCP | 流量 | 显示图形 |
|---|---|---|---|---|---|---|---|---|
| 192.168.1.100 | 192.168.1.1 | icmp | 0 | 0 | ICMP | Default | 4.3 MB | |
| 192.168.1.100 | 192.168.11.222 | domain | 53 | 53 | UDP | Default | 126.14 KB | |
| 192.168.1.100 | 192.168.11.221 | domain | 53 | 53 | UDP | Default | 115.52 KB | |
| 192.168.1.100 | 101.226.4.6 | domain | 53 | 53 | TCP | Default | 12.84 KB | |
| 192.168.60.173 | 101.226.103.110 | https | 443 | 443 | TCP | Default | 5.78 MB | |
| 192.168.1.100 | 192.168.1.255 | netbios-dgm | 138 | 138 | UDP | Default | 4.91 KB | |
| 192.168.1.100 | 192.168.1.255 | netbios-ns | 137 | 137 | UDP | Default | 3.94 KB | |
| 192.168.1.100 | 125.90.93.231 | messageasap | 6070 | 6070 | UDP | Default | 3.93 KB | |
| 192.168.1.100 | 125.90.93.231 | x11 | 6020 | 6020 | UDP | Default | 3.83 KB | |
| 192.168.1.100 | 112.90.139.96 | http | 80 | 80 | TCP | Default | 2.7 KB | |

图 7-17　Iflndex1 详细信息

# IPv6 技术

IPv6（Internet Protocol Version 6）是下一代因特网的关键协议，是网络层协议的第二代标准协议，也被称为下一代互联网协议（Internet Protocol Next Generation，IPng）。它是互联网工程任务组（Internet Engineering Task Force，IETF）设计的一套规范，是 IPv4 的升级版本。IPv6 和 IPv4 之间最显著的区别是 IP 地址的长度从 32 bit 增加到 128 bit。

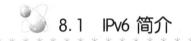

## 8.1　IPv6 简介

IPv4 最大的问题在于网络地址资源有限，严重制约了互联网的应用和发展。IPv6 的使用，不仅能解决网络地址资源数量的问题，而且解决了多种设备接入互联网的障碍。IPv6 的地址长度为 128 bit，是 IPv4 地址长度的 4 倍，IPv4 点分十进制格式不再适用，采用十六进制表示。

IPv6 的表示方法：每个 16 bit 的值用十六进制值表示，各值之间用冒号分隔。例如，68E6：8C64：FFFF：FFFF：0：1180：960A：FFFF。

IPv6 地址可以使用零压缩，即一连串连续的零可以用一对冒号取代。FF05：0：0：0：0：0：0：B3 可以写成：FF05：：B3。一个 IPv6 地址中，零压缩只能使用一次。

### 8.1.1　IPv6 特点

#### 1. 简化报文头格式
将 IPv4 报文头中的某些字段裁减或移入扩展报文头，减小了 IPv6 基本报文头的长度。

#### 2. 充足的地址空间
IPv6 的源地址与目的地址长度都是 128 bit（16 字节）。它可以提供超过 $3.4 \times 10^{38}$ 种可能的地址空间，完全可以满足多层次的地址划分需要，以及公有网络和机构内部私有

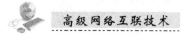

网络的地址分配。

### 3. 层次化地址结构

IPv6 的地址空间采用了层次化的地址结构,有利于路由快速查找,同时可以借助路由聚合,有效减少 IPv6 路由表占用的系统资源。

### 4. 地址自动配置

IPv6 支持有状态地址配置和无状态地址配置。有状态地址配置是指从服务器(如 DHCPv6 服务器)获取 IPv6 地址及相关信息;无状态地址配置是指主机根据自己的链路层地址及路由器发布的前缀信息自动配置 IPv6 地址及相关信息。

### 5. 内置安全性

IPv6 将 IPSec 作为它的标准扩展头,可以提供端到端的安全特性。

### 6. 支持 QoS

IPv6 报文头的流标签(Flow Label)字段实现流量的标志,允许设备对某一流中的报文进行识别并提供特殊处理。

### 7. 增强的邻居发现机制

IPv6 的邻居发现协议是通过一组 ICMPv6(Internet Control Message Protocol for IPv6)消息实现的,管理着邻居节点间(即同一链路上的节点)信息的交互。它代替了 ARP、ICMP 路由器发现和 ICMP 重定向消息,并提供了一系列其他功能。

## 8.1.2 IPv6 消息格式

IPv6 将首部长度变为固定的 40 字节,称为基本首部(Base Header)。将不必要的功能取消了,首部的字段数减少到只有 8 个。IPv6 取消了首部的检验和字段,加快了路由器处理数据报的速度。在基本首部的后面允许有零个或多个扩展首部。所有的扩展首部和数据合起来叫作数据报的有效载荷或净负荷。图 8-1 所示为 IPv6 首部格式。

| 0 | 4 | 12 | 16 | 24 | 31 |
|---|---|---|---|---|---|
| 版本 | 流量类型 | | 流标签 | | |
| 有效载荷长度 | | | 下一包头 | | 跳数限制 |
| 源 IPv6 地址 | | | | | |
| 目的 IPv6 地址 | | | | | |

**图 8-1 IPv6 首部格式**

- 版本:占 4 bit。对于 IPv6,该字段的值为 6。
- 流量类型:占 8 bit。该字段以 DSCP 标记 IPv6 数据包,提供 QoS 服务。
- 流标签:占 20 bit,用来标记 IPv6 数据的一个流,让路由器或者交换机基于流而不是数据包来处理数据。
- 有效载荷长度:占 16 bit,用来表示有效载荷的长度,即 IPv6 数据包的数据部分。
- 下一包头:占 8 bit。该字段定义紧跟 IPv6 基本包头的信息类型。
- 跳数限制:占 8 bit,用来定义 IPv6 数据包过经过的最大跳数。
- 源 IPv6 地址、目的 IPv6 地址:各占 128 bit,用来标识 IPv6 数据包发送和接收方的 IPv6 地址。

### 8.1.3　IPv6 地址类型

IPv6 协议主要定义了三种地址类型:单播地址(Unicast Address)、组播地址(Multicast Address)和任播地址(Anycast Address)。IPv6 地址与原来在 IPv4 地址相比,新增了"任播地址"类型,取消了原来 IPv4 地址中的广播地址,因为在 IPv6 中的广播功能是通过组播来完成的。

1. 单播地址

用来唯一标识一个接口,类似 IPv4 中的单播地址。发送到单播地址的数据报文将被传送给此地址所标识的一个接口。

2. 组播地址

用来标识一组接口,类似 IPv4 中的组播地址。发送到组播地址的数据报文将被传送给此地址所标识的所有接口。

3. 任播地址

用来标识一组接口。发送到任播地址的数据报文将被传送给此地址所标识的一组接口中距离源节点最近的一个接口。

在 IPv6 地址类型中,每一个类别都有多种类型的地址,如单播地址有链路本地地址、站点本地地址、全局单播地址、回环地址等;组播地址有指定地址、请求节点地址;任播地址有链路本地地址、站点本地地址和可聚合全球地址等。下面介绍部分类型地址。

- 全局单播地址:相当于 IPv4 的公网地址,可以在 IPv6 网络上进行全局路由和访问。
- 链路本地地址:单个链路上接口自动配置的地址。该地址仅供特定物理网段上的本地通信使用,链路本地地址以"FE80"开头。
- 站点本地地址:相当于 IPv4 的私有地址,仅在本地局域网使用。站点本地地址可以与全局单播地址配合使用,但使用站点本地地址作为 IPv6 数据包路由时不会被转发到本站。

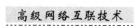

- 未指定地址:0:0:0:0:0:0:0:0 或::,仅用于表示某个地址不存在。
- 回环地址:0:0:0:0:0:0:0:1 或::1,用于标识回环接口.
- 兼容地址:在 IPv6 的转换机制中还包括了一种通过 IPv4 路由接口以隧道方式动态传递 IPv6 包的技术。这样的 IPv6 节点会被分配一个在低 32 位中带有 IPv4 全球单播地址的 IPv6 全局单播地址。

## 8.1.4 IPv6 过渡技术

在 IPv6 成为主流协议之前,首先使用 IPv6 协议栈的网络希望能与当前仍被 IPv4 支撑着的互联网进行正常通信,因此必须开发出 IPv4 和 IPv6 互通技术以保证 IPv4 能够平稳过渡到 IPv6。目前已经出现了多种过渡技术。这些技术各有特点,用于解决不同过渡时期、不同环境的通信问题。目前解决过渡问题的基本技术主要有 3 种:双协议栈、隧道技术、NAT-PT 等。

### 1. 双协议栈

双协议栈是一种最简单直接的过渡机制,同时支持 IPv4 协议和 IPv6 协议的网络节点称为双协议栈节点。双协议栈节点配置 IPv4 地址和 IPv6 地址后,就可以在相应接口上转发 IPv4 和 IPv6 报文。一个上层应用同时支持 IPv4 和 IPv6 协议时,根据协议要求可以选用 TCP 或 UDP 作为传输层的协议,但在选择网络层协议时,它会优先选择 IPv6 协议栈。双协议栈技术适合 IPv4 网络节点之间或者 IPv6 网络节点之间通信,是所有过渡技术的基础。但是,这种技术要求运行双协议栈的节点有一个全球唯一的地址,实际上没有解决 IPv4 地址资源匮乏的问题。

### 2. 隧道技术

在 IPv6 网络成型之前,IPv4 网络还是网络的指导,这样势必形成一些 IPv6 孤岛,而 IPv6 孤岛之间的通信,可以采用隧道技术来完成。当 IPv6 数据包在 IPv4 隧道传输时,IPv6 原始数据包头和有效载荷不变。在 IPv6 数据包前头加上一个 IPv4 的包头,把 IPv6 数据包作为 IPv4 的有效载荷。在隧道边缘点(支持双栈)进行封装和拆封。

### 3. NAT-PT

NAT-PT(Network Address Translation-Protocol Translation)作用于 IPv4 和 IPv6 网络边缘的设备上,用于实现 IPv6 与 IPv4 报文的转换。NAT-PT 在 IPv4 和 IPv6 网络之间转换 IP 报头的地址,同时根据协议不同对报文做相应的语义翻译,使纯 IPv4 节点和纯 IPv6 节点之间能够透明通信。这种技术适用于仅运行 IPv6 的节点和仅运行 IPv4 的节点之间的通信,具有一定的局限性。

**8.2　实训项目一　IPv6 地址配置**

\* \* \* \* \* \* \* \* \* \* \* \* \* \* \* \* \* \* \* \* \* \* \* \* \* \* \* \*

## 【实训目的】

- 理解 IPv6 的功能。
- 掌握配置 IPv6 地址的方法。

## 【实训拓扑图】

实训拓扑图如图 8-2 所示。

**图 8-2　实训拓扑图**

设备参数如表 8-1 所示。

**表 8-1　设备参数**

| 设备 | 接口 | IPv6 地址 | 子网掩码位数 | 默认网关 |
|------|------|-----------|--------------|----------|
| R1 | Se0/0/0 | 2000: f106: f208: 12: : 1 | 64 | N/A |
| R2 | Se0/0/0 | 2000: f106: f208: 12: : 2 | 64 | N/A |

## 【实训内容】

### 1. 基本配置

R1 路由器的基本配置。

```
R1(config)#interface Serial0/3/0
R1(config-if)#ipv6 enable
//开启接口的 IPv6 协议(配置 IPv6 地址后自动开启)
R1(config-if)#ipv6 address 2000:f106:f208:12::1/64
//配置 IPv6 地址
R1(config-if)#no shutdown
R2(config)#interface Serial0/3/0
R2(config-if)#ipv6 enable
```

R2（config-if）#**ipv6 address 2000：f106：f208：12：：2/64**

R2（config-if）#**no shutdown**

## 2. 验证配置

（1）查看接口 IPv6 信息

R1#**show ipv6 interface Serial0/3/0**

Serial0/3/0 is **up**，line **protocol is up**

　**IPv6 is enabled**，link-local address is FE80：：2237：6FF：FEC5：C4E4

　//IPv6 协议已经启动

　No Virtual link-local address（es）：

　Global unicast address（es）：

　　**2000：F106：F208：12：：1，subnet is 2000：F106：F208：12：：/64**

　　//之前配置的 IPv6 地址

（------省略部分输出------）

（2）Ping 测试

R1#**ping 2000：F106：F208：12：：2**

Type escape sequence to abort.

Sending 5，100-byte ICMP Echos to 2000：F106：F208：12：：2，timeout is 2 seconds：

!!!!!

Success rate is 100 percent（5/5），round-trip min/avg/max = 12/15/16 ms

R2#**ping 2000：F106：F208：12：：1**

Type escape sequence to abort.

Sending 5，100-byte ICMP Echos to 2000：F106：F208：12：：1，timeout is 2 seconds：

!!!!!

Success rate is 100 percent（5/5），round-trip min/avg/max = 12/14/16 ms

# 8.3　实训项目二　IPv6 过渡技术配置

\*\*\*\*\*\*\*\*\*\*\*\*\*\*\*\*\*\*\*\*\*\*\*\*\*\*\*\*\*\*\*\*

## 8.3.1　手工隧道配置

## 【实训目的】

● 熟悉 IPv6 手工隧道的概念。

- 掌握 IPv6 和 IPv4 共存的实现方法。
- 掌握 IPv6 手工隧道的配置方法。

## 【实训拓扑图】

实训拓扑图如图 8-3 所示。

图 8-3　实训拓扑图

设备参数如表 8-2 所示。

表 8-2　设备参数表

| 设备 | 接口 | IP 地址 | 子网掩码位数 | 默认网关 |
|---|---|---|---|---|
| R1 | Se0/0/0 | 192.168.12.1 | 24 | N/A |
| | Fa0/0 | 2000:f106:f208:1::1 | 64 | N/A |
| R2 | Se0/0/0 | 192.168.12.2 | 24 | N/A |
| | Fa0/0 | 2000:f106:f208:2::1 | 64 | N/A |

## 【实训内容】

### 1. 基本配置

（1）R1 路由器的基本配置

```
R1(config)#interface Serial0/3/0
R1(config-if)#ip address 192.168.12.1 255.255.255.0
R1(config-if)#no shutdown
R1(config)#interface FastEthernet0/0
R1(config-if)#ipv6 address 2000:f106:f208:1::1/64
//配置业务网段 IPv6 地址
R1(config-if)#no shutdown
R1(config)#interface Tunnel0
//创建隧道,编号为 0
R1(config-if)#tunnel mode ipv6ip
//配置隧道模式为手工隧道
R1(config-if)#ipv6 enable
R1(config-if)#tunnel source Serial0/3/0
//指定隧道源接口,也可指定该接口 IP 地址
```

R1（config-if）#**tunnel destination 192. 168. 12. 2**

//指定隧道目的地址

R1（config）#**ipv6 route 2000:F106:F208:2::/64 Tunnel0**

//配置通过隧道转发的 IPv6 路由

（2）R2 路由器的基本配置

R2（config）#**interface Serial0/3/0**

R2（config-if）#**ip address 192. 168. 12. 2 255. 255. 255. 0**

R2（config-if）#**no shutdown**

R2（config）#**interface FastEthernet0/0**

R2（config-if）#**ipv6 address 2000:f106:f208:2::1/64**

R2（config-if）#**no shutdown**

R2（config）#**interface Tunnel0**

R2（config-if）#**tunnel mode ipv6ip**

R2（config-if）#**ipv6 enable**

R2（config-if）#**tunnel source Serial0/3/0**

R2（config-if）#**tunnel destination 192. 168. 12. 1**

R2（config）#**ipv6 route 2000:F106:F208:1::/64 Tunnel0**

### 2. 实训调试
（1）查看隧道信息

R1#**show interfaces Tunnel0**

Tunnel0 **is up**, line **protocol is up**

  Hardware is Tunnel

  MTU 17920 bytes, BW 100 Kbit/sec, DLY 50000 usec,

    reliability 255/255, txload 1/255, rxload 1/255

  Encapsulation TUNNEL, loopback not set

  Keepalive not set

  Tunnel source **192. 168. 12. 1**（**Serial0/3/0**）, destination **192. 168. 12. 2**

  Tunnel protocol/transport **IPv6/IP**

  //隧道模式为"ipvip"

  Tunnel TTL 255

  Tunnel transport MTU 1480 bytes

  Tunnel transmit bandwidth 8000（kbps）

  Tunnel receive bandwidth 8000（kbps）

  Last input 00:07:11, output 00:07:11, output hang never

  Last clearing of "show interface" counters never

Input queue: 0/75/0/0（size/max/drops/flushes）；Total output drops: 0

Queueing strategy: fifo

Output queue: 0/0（size/max）

5 minute input rate 0 bits/sec, 0 packets/sec

5 minute output rate 0 bits/sec, 0 packets/sec

　9 packets input, 1356 bytes, 0 no buffer

　Received 0 broadcasts, 0 runts, 0 giants, 0 throttles

　0 input errors, 0 CRC, 0 frame, 0 overrun, 0 ignored, 0 abort

　9 packets output, 960 bytes, 0 underruns

　0 output errors, 0 collisions, 0 interface resets

　0 unknown protocol drops

　0 output buffer failures, 0 output buffers swapped out

//以上 9 行输出显示该隧道的流量收发情况

（2）调试隧道信息

R1#**debug tunnel**

\* May 22 02:50:10.559: Tunnel0: **IPv6/IP** encapsulated **192.168.12.1->192.168.12.2**（linktype = 79, len = 84）

//对出站数据流进行封装

\* May 22 02:50:10.559: Tunnel0 count tx, **adding 20 encap bytes**

//数据包增加了 20 个字节

\* May 22 02:50:11.319: Tunnel0: **IPv6/IP** to classify 192.168.12.2->192.168.12.1（tbl = 0, "IPv4: Default" len = 96 ttl = 254 tos = 0xE0）ok, oce_rc = 0x0

\* May 22 02:50:11.319: Tunnel0: **IPv6/IP**（PS）to **decaps 192.168.12.2->192.168.12.1**（tbl = 0, "default", len = 96, ttl = 254）

//对入站数据流进行解封装

\* May 22 02:50:11.319: Tunnel0: **decapsulated IPv6/IP packet**

（3）Ping 测试

R1#**ping ipv6 2000:F106:F208:2::1**

Type escape sequence to abort.

Sending 5, 100-byte ICMP Echos to 2000:F106:F208:2::1, timeout is 2 seconds:

!!!!!

Success rate is 100 percent（5/5）, round-trip min/avg/max = 16/18/20 ms

R2#**ping ipv6 2000:F106:F208:1::1**

Type escape sequence to abort.

Sending 5，100-byte ICMP Echos to 2000: F106: F208: 1∶∶1，timeout is 2 seconds:

!!!!!

Success rate is 100 percent（5/5），round-trip min/avg/max = 16/17/20 ms

## 8.3.2　6to4 隧道配置

### 【实训目的】

- 熟悉 IPv6 6to4 隧道的概念。
- 掌握 IPv6 6to4 地址编址规则。
- 掌握 IPv6 6to4 隧道的配置方法。

### 【实训拓扑图】

实训拓扑图如图 8-4 所示。

Fa0/0　　　　Se0/0/0　　　Se0/0/0　　　Fa0/0
　　　R1　　　　　　　　　　　R2

图 8-4　实训拓扑图

设备参数如表 8-3 所示。

表 8-3　设备参数

| 设备 | 接口 | IP 地址 | 子网掩码位数 | 默认网关 |
|------|------|---------|--------------|----------|
| R1 | Se0/0/0 | 192.168.12.1 | 24 | N/A |
| | Fa0/0 | 2000: f106: f208: 1∶∶1 | 64 | N/A |
| R2 | Se0/0/0 | 192.168.12.2 | 24 | N/A |
| | Fa0/0 | 2000: f106: f208: 2∶∶1 | 64 | N/A |

### 【实训内容】

#### 1. 隧道配置

本实训只给出隧道接口和路由部分的配置,其余配置与实训 8.3.1 相同。

（1）R1 路由器的基本配置

R1（config）#**interface Tunnel0**

R1（config-if）# **tunnel mode ipv6ip 6to4**

//配置隧道模式为 6to 4 隧道

R1（config-if）# **ipv6 address 2002：C0A8：C01：：1/64**

//隧道的 IPv6 地址由 2002 和转换成十六进制的 IPv4 地址构成

R1（config-if）#**tunnel source Serial0/3/0**

//只需要配置隧道源，不需要配置隧道目的地址

R1（config）#**ipv6 route 2000：F106：F208：2：：/64 2002：C0A8：C02：：1**

//静态路由指向 R2 隧道接口的 IPv6 地址。该地址内嵌建立隧道的目的 IPv4 地址

R1（config）#**ipv6 route 2002：：/16 Tunnel0**

//去往 2002 开头的地址，都被送到隧道 0

（2）R2 路由器的基本配置

R2（config）#**interface Tunnel0**

R2（config-if）#**tunnel mode ipv6ip 6to4**

R2（config-if）#**ipv6 address 2002：C0A8：C02：：2/64**

R2（config-if）#**tunnel source Serial0/3/0**

R2（config）#**ipv6 route 2000：F106：F208：1：：/64 2002：C0A8：C01：：1**

R2（config）#**ipv6 route 2002：：/16 Tunnel0**

### 2. 实训调试

（1）查看隧道信息

R1#**show interfaces Tunnel0**

Tunnel0 is up，line protocol is up

　　Hardware is Tunnel

　　MTU 17920 bytes，BW 100 Kbit/sec，DLY 50000 usec，

　　　　reliability 255/255，txload 1/255，rxload 1/255

　　Encapsulation TUNNEL，loopback not set

　　Keepalive not set

　　Tunnel source 192.168.12.1（Serial0/3/0）

　　Tunnel protocol/transport **IPv6 6to4**

　　//隧道工作模式为 IPv6 6to4

　　（------省略部分输出------）

（2）Ping 测试

---

R1#**ping ipv6 2000：F106：F208：2：：1**

Type escape sequence to abort.

Sending 5，100-byte ICMP Echos to 2000：F106：F208：2：：1，timeout is 2 seconds：

!!!!!

Success rate is 100 percent（5/5），round-trip min/avg/max = 16/18/20 ms

R2#**ping ipv6 2000：F106：F208：1：：1**

Type escape sequence to abort.

Sending 5，100-byte ICMP Echos to 2000：F106：F208：1：：1，timeout is 2 seconds：

!!!!!

Success rate is 100 percent（5/5），round-trip min/avg/max = 16/18/24 ms

---

## 8.3.3　ISATAP 隧道配置

### 【实训目的】

- 熟悉 IPv6 ISATAP 隧道的概念。
- 掌握 IPv6 ISATAP 地址编址规则。
- 掌握 IPv6 ISATAP 隧道的配置方法。

### 【实训拓扑图】

实训拓扑图如图 8-5 所示。

Fa0/0　　Se0/0/0　　　Se0/0/0　　Fa0/0

R1　　　　　　　　　　R2

图 8-5　实训拓扑图

设备参数如表 8-4 所示。

表 8-4　设备参数

| 设备 | 接口 | IP 地址 | 子网掩码位数 | 默认网关 |
|------|------|---------|------------|----------|
| R1 | Se0/0/0 | 192.168.12.1 | 24 | N/A |
| | Fa0/0 | 2000：f106：f208：1：：1 | 64 | N/A |
| | Tunnel0 | 2000：f106：f208：12：： | 64（eui-64） | N/A |
| R2 | Se0/0/0 | 192.168.12.2 | 24 | N/A |
| | Fa0/0 | 2000：f106：f208：2：：1 | 64 | N/A |
| | Tunnel0 | 2000：f106：f208：12：： | 64（eui-64） | N/A |

## 【实训内容】

### 1. 隧道配置

本实训只给出隧道接口和路由部分的配置,其余配置与实训8.3.1相同。

（1）R1 路由器的基本配置

```
R1（config）#interface Tunnel0
R1（config-if）#tunnel mode ipv6ip isatap
//配置隧道模式为 ISATAP 隧道
R1（config-if）#ipv6 address 2000:f106:f208:12::/64 eui-64
//用 IPv6 eui-64 配置 IPv6 地址前缀,配合"ISATAP"隧道,将生成完整 IPv6 地址
R1（config-if）#tunnel source Serial0/3/0
//只需要配置隧道源,不需要配置隧道目的地址
R1（config）# ipv6 route 2000: F106: F208: 2::/64 Tunnel0 2000: F106: F208: 12: 0: 5EFE:
C0A8: C02
//静态路由指向 R2 隧道接口的 IPv6 地址,该地址内嵌建立隧道的目的 IPv4 地址
```

（2）R2 路由器的基本配置

```
R2（config）#interface Tunnel0
R2（config-if）#tunnel mode ipv6ip isatap
R2（config-if）# ipv6 address 2000:f106:f208:12::/64 eui-64
R2（config-if）#tunnel source Serial0/3/0
R2（config）# ipv6 route 2000: F106: F208: 1::/64 Tunnel0 2000: F106: F208: 12: 0: 5EFE:
C0A8: C01
```

### 2. 实训调试

（1）查看隧道信息

```
R1#show interfaces Tunnel0
Tunnel0 is up, line protocol is up
R1#show interfaces Tunnel0
Tunnel0 is up, line protocol is up
  Hardware is Tunnel
  MTU 17920 bytes, BW 100 Kbit/sec, DLY 50000 usec,
    reliability 255/255, txload 1/255, rxload 1/255
  Encapsulation TUNNEL, loopback not set
  Keepalive not set
  Tunnel source 192.168.12.1（Serial0/3/0）
```

Tunnel protocol/transport **IPv6 ISATAP**

//隧道工作模式为 IPv6 ISATAP

（------省略部分输出------）

（2）显示隧道接口信息

R1#**show ipv6 interface Tunnel0**

Tunnel0 is up, line protocol is up

　　IPv6 is enabled, link-local address is FE80∶∶5EFE∶C0A8∶C01

　　No Virtual link-local address( es)∶

　　Global unicast address( es)∶

**2000∶F106∶F208∶12∶0∶5EFE∶C0A8∶C01**, subnet is 2000∶F106∶F208∶12∶∶/64 [ EUI]

//路由器使用配置的 IPv6 前缀加上 ISATAP 的 OUI（0000∶5EFE）及十六进制的隧道源 IPv4 地址构成 IPv6 地址

　　（------省略部分输出------）

（3）Ping 测试

R1#**ping ipv6 2000∶F106∶F208∶2∶∶1**

Type escape sequence to abort.

Sending 5, 100-byte ICMP Echos to 2000∶F106∶F208∶2∶∶1, timeout is 2 seconds∶

!!!!!

Success rate is 100 percent (5/5), round-trip min/avg/max = 16/18/20 ms

R2#**ping ipv6 2000∶F106∶F208∶1∶∶1**

Type escape sequence to abort.

Sending 5, 100-byte ICMP Echos to 2000∶F106∶F208∶1∶∶1, timeout is 2 seconds∶

!!!!!

Success rate is 100 percent (5/5), round-trip min/avg/max = 16/18/20 ms

## 8.3.4　IPv6NAT-PT 配置

【实训目的】

- 理解 IPv6 NAT-PT 的概念。
- 掌握静态 NAT-PT 的配置方法。
- 掌握动态 NAT-PT 的配置方法。

## 【实训拓扑图】

实训拓扑图如图 8-6 所示。

图 8-6 实训拓扑图

设备参数如表 8-5 所示。

表 8-5 设备参数

| 设备 | 接口 | IP 地址 | 子网掩码位数 | 默认网关 |
|------|------|---------|-------------|----------|
| R1 | Se0/0/0 | 192.168.12.1 | 24 | N/A |
| R2 | Se0/0/0 | 192.168.12.2 | 24 | N/A |
|  | Se0/0/1 | 2000:f106:f208:23::2 | 64 | N/A |
| R3 | Se0/0/0 | 2000:f106:f208:23::3 | 64 | N/A |

## 【实训内容】

### 1. 基础配置

（1）IP 地址和路由配置

① R1 路由器。

```
R1(config)#interface Serial0/3/0
R1(config)# ip address 192.168.12.1 255.255.255.0
R1(config-if)#no shutdown
R1(config)# ip route 0.0.0.0 0.0.0.0 Serial0/3/0
```

② R2 路由器。

```
R2(config)# ipv6 unicast-routing
R2(config-if)#interface Serial0/3/0
R2(config-if)#ip address 192.168.12.2 255.255.255.0
R2(config-if)#no shutdown
R2(config-if)#interface Serial0/3/1
R2(config-if)#ipv6 address 2000:f106:f208:23::2/64
R2(config-if)#no shutdown
```

③ R3 路由器。

```
R3(config-if)#interface Serial0/3/0
R3(config-if)#ipv6 address 2000:f106:f208:23::3/64
```

R3（config-if）#**no shutdown**

R3（config）# **ipv6 unicast-routing**

R3（config）# **ipv6 route ::/0 Serial0/3/0**

（2）IPv6 静态 NAT-PT 配置

地址转换如表 8-6 所示。

表 8-6　地址转换

| 内部 IP 地址 | 转换 IP 地址 |
| --- | --- |
| 192.168.12.1 | 2000:F106:F208:1::1 |
| 2000:F106:F208:23::3 | 192.168.3.3 |

（3）静态 NAT-PT 配置

R2（config）# **ipv6 nat prefix 2000:F106:F208:1::/96**

//配置用于 NAT-PT 转换的地址池,前缀长度必须是 96,后缀地址由 IPv4 地址转换成十六进制
得出

R2（config）# **ipv6 nat v4v6 source 192.168.12.1 2000:F106:F208:1::1**

//R3 访问地址 2000:F106:F208:1::1 时,地址转换为 192.168.12.1

R2（config）# **ipv6 nat v6v4 source 2000:F106:F208:23::3 192.168.3.3**

//R1 访问地址 192.168.3.3 时,地址转换为 2000:F106:F208:23::3

R2（config）#**interface Serial0/3/0**

R2（config-if）# **ipv6 enable**

//连接 IPv4 网络的接口需要启用 IPv6 协议

R2（config-if）# **ipv6 nat**

//在接口启动 NAT-PT

R2（config）#**interface Serial0/3/1**

R2（config-if）# **ipv6 nat**

### 2. 实训调试

（1）查看 NAT-PT 转换过程

R1#**ping 192.168.3.3**

R2#debug ipv6 nat

//先在 R2 上开启 NAT-PT 的调试,再到 R1 进行 ping 测试

＊May 23 03:28:57.893: IPv6 NAT: IPv4->IPv6: icmp src (**192.168.12.1**) -> (**2000:F106:
F208:1::1**), dst (**192.168.3.3**) -> (**2000:F106:F208:23::3**)

//IPv4 到 IPv6 协议和地址的转换过程

＊May 23 03：28：57．909：IPv6 NAT：IPv6- > IPv4：icmp src（**2000：F106：F208：23：：3**）- >（**192．168．3．3**），dst（**2000：F106：F208：1：：1**）- >（**192．168．12．1**）

//IPv6 到 IPv4 协议和地址的转换过程

（2）查看 NAT-PT 转换信息

```
R2#show ipv6 nat translations
Prot   IPv4 source                IPv6 source
       IPv4 destination           IPv6 destination
---    ---                        ---
       192.168.12.1               2000:F106:F208:1::1
       //前面配置的静态转换
icmp   192.168.3.3,40             2000:F106:F208:23::3,40
       192.168.12.1,40            2000:F106:F208:1::1,40
//Ping 产生的临时转换规则

---    192.168.3.3                2000:F106:F208:23::3
       ---                        ---
```

（3）IPv6 动态 NAT-PT 配置

地址转换如表 8-7 所示。

表 8-7　地址转换

| 内部 IP 地址 | 转换 IP 地址（池） |
|---|---|
| 192．168．12．1 | 2000：F106：F208：1：：1 |
| 2000：F106：F208：23：：3 | 192．168．3．1—192．168．3．20 |

（4）动态 NAT-PT 配置

R2（config）# **ipv6 nat prefix 2000：F106：F208：1：：/96**

R2（config）# **ipv6 nat v4v6 source 192．168．12．1 2000：F106：F208：1：：1**

//配置 IPv4 到 IPv6 的静态转换条目

R2（config）#**ipv6 access-list v6v4**

R2（config-ipv6-acl）#**permit ipv6 2000：F106：F208：23：：/64 any**

//匹配需要 IPv6 到 IPv4 动态转换的地址

R2（config）#**ipv6 nat v6v4 pool v6v4_Pool 192．168．3．1 192．168．3．20 prefix-length 24**

//匹配 IPv6 到 IPv4 动态转换的地址池，名字为"v6v4_Pool"

R2（config）#**ipv6 nat v6v4 source list v6v4 pool v6v4_Pool**

//配置动态 NAT-PT 转换，关联地址池和 ACL，可使用附加参数"overload"进行过载配置

```
R2(config)#interface Serial0/3/0
R2(config-if)# ipv6 enable
R2(config-if)# ipv6 nat
R2(config)#interface Serial0/3/1
R2(config-if)# ipv6 nat
```

### 3. 实训调试

（1）查看 NAT-PT 转换过程

```
R3#ping ipv6 2000:F106:F208:1::1
R2#debug ipv6 nat
```
//先在 R2 上开启 NAT-PT 的调试,再到 R3 进行 ping 测试

* May 23 05:12:23.819: IPv6 NAT: IPv6->IPv4: icmp src (2000:F106:F208:23::3) -> (192.168.3.1), dst (2000:F106:F208:1::1) -> (192.168.12.1)

（2）查看 NAT-PT 转换信息

```
R2#show ipv6 nat translations
```

| Prot | IPv4 source | IPv6 source |
| --- | --- | --- |
| | IPv4 destination | IPv6 destination |
| --- | --- | --- |
| | 192.168.12.1 | 2000:F106:F208:1::1 |
| --- | **192.168.3.1** | 2000:F106:F208:23::3 |

//动态 NAT-PT 从地址池第一个地址建立转换关系

| | 192.168.12.1 | 2000:F106:F208:1::1 |
| --- | --- | --- |
| --- | **192.168.3.1** | 2000:F106:F208:23::3 |
| | --- | --- |